大数据创新人才培养系列

Python 程序设计教程

Python Programming Course

陈沛强 主编

人民邮电出版社

北京

图书在版编目（CIP）数据

Python程序设计教程 / 陈沛强主编. -- 北京 : 人民邮电出版社，2019.1（2020.9重印）
（大数据创新人才培养系列）
ISBN 978-7-115-49462-7

Ⅰ．①P… Ⅱ．①陈… Ⅲ．①软件工具－程序设计－教材 Ⅳ．①TP311.561

中国版本图书馆CIP数据核字（2018）第224973号

内 容 提 要

　　本书系统地讲解了 Python 语言程序设计的相关知识。全书共有 12 章，内容包括：Python 语言简介，数据类型、运算符及表达式，程序流程控制，序列，映射和集合类型，函数，模块和包，文件，面向对象编程，Python 数据库编程，tkinter GUI 编程，Django 框架 Web 编程。为了让读者能够及时地检查自己的学习效果，把握自己的学习进度，每章后面都附有习题和上机练习。

　　本书既可以作为高校 Python 语言程序设计课程的教材，也可以作为对 Python 感兴趣的技术人员的参考资料。

◆ 主　　编　陈沛强
　　责任编辑　李　召
　　责任印制　彭志环

◆ 人民邮电出版社出版发行　　北京市丰台区成寿寺路 11 号
　　邮编 100164　　电子邮件 315@ptpress.com.cn
　　网址 http://www.ptpress.com.cn
　　固安县铭成印刷有限公司印刷

◆ 开本：787×1092　1/16
　　印张：14.75　　　　　　　　2019 年 1 月第 1 版
　　字数：385 千字　　　　　　2020 年 9 月河北第 2 次印刷

定价：49.80 元

读者服务热线：(010)81055256　印装质量热线：(010)81055316
反盗版热线：(010)81055315

前　言

　　Python 已经成为受欢迎的程序设计语言之一。尤其自 2004 年以后，Python 的使用率更是呈线性增长。随着大数据时代的到来，由于 Python 语言的简洁性、易读以及可扩展性，用 Python 做科学计算和大数据分析的研究和商业机构日益增多，在国外更是早已普及，很多国外知名大学率先采用 Python 教授程序设计课程。国内近几年已经认识到了 Python 语言的重要性，随着各行业使用 Python 语言的增多，各高校也开始逐渐开设了该门课程。但目前适合作为国内高校 Python 语言程序设计课程的教材还比较少，且已有的教材存在如下一些问题。

　　（1）部分教材偏重理论，缺乏实用性。

　　（2）有些教材过于繁难或过于简单，对于大学生的帮助不是很大。

　　（3）现有教材大多面向 Python 2.x，而面向 Python 3.x 的也存在内容不全面的问题。

　　本书的编写正是基于解决以上的诸多问题，提供一本真正适合于我国高校教学特点的 Python 程序设计指导。本书以最新的 Python 3.x 为主线，同时考虑了 Python 2.x 的特点，不但给与适当的理论阐述，更加注重 Python 语言不同于 Java 等其他主流语言特点的论述，更加注重实用性，案例丰富，让读者更易上手。本书内容全面，涉及面向过程、面向对象、数据库编程、窗口编程和 Web 编程的所有知识和技术。

　　本书完全采用案例驱动的编写模式，每章都提供了上机练习，这些上机练习也可作为实验课教学内容。本书采用一个项目贯穿始终，可让读者体会到一个项目采用不同技术编程实现的异同，既适合初学者夯实基础，又能帮助 Python 程序员提升技能，还可以作为 Python 程序员手边的工具书。

　　本书的参考学时为 48 ~ 64 学时，建议采用理论实践一体化教学模式，各章的参考学时见下面的学时分配表。

学时分配表

课 程 内 容	学　　时
Python 语言简介	2
数据类型、运算符及表达式	2
程序流程控制	2
序列	4 ~ 6
映射和集合类型	4 ~ 6
函数	4 ~ 6
模块和包	4
文件	4 ~ 6
面向对象编程	6 ~ 8
Python 数据库编程	4 ~ 6

续表

课 程 内 容	学　　时
tkinter GUI 编程	6 ~ 8
Django 框架 Web 编程	6 ~ 8
课时总计	48 ~ 64

由于编者水平和经验有限，书中难免有欠妥和疏漏之处，恳请读者批评指正。

编　者

2018 年 7 月

目　录

第1章
Python 语言简介

本章要点

- 了解 Python 语言的发展历史。
- 掌握 Python 语言的特点。
- 了解 Python 语言的应用。
- 掌握 Python 语言中的安装。
- 学习第一个 Python 程序。

本章向读者介绍有关 Python 的背景知识，包括什么是 Python 以及它的发展历史，然后介绍 Python 语言的特色、应用领域，最后介绍 Python 的安装以及第一个 Python 程序。

1.1 什么是 Python 语言

　　Python 是一种简单易学、面向对象、解释型的计算机程序设计语言，其既具备传统编译型程序设计语言的强大功能，又在某种程度上具备比较简单的脚本和解析型程序设计语言的易用性。Python 语法简洁清晰，具有丰富和强大的类库，具有简单易学的面向对象的编程特点，同时还具备可移植、可扩展等特性，所以成为软件公司进行快速开发及科研单位进行科学研究的主流编程语言。它能够很轻松地将用其他语言（特别是 C/C++）编写的各种模块联结在一起。比如，先使用 Python 快速生成程序的原型，然后对其中有特别要求的部分，用更合适的其他语言改写。所以，Python 是一种高层次的结合了解释性、编译性、互动性和面向对象的脚本语言，具有很强的可读性。

　　Python 为我们提供了非常完善的基础代码库，覆盖了网络、文件、GUI（Graphical User Interface，图形用户界面）、数据库、文本等主要内容。用 Python 开发，许多功能不必从零开始编写，可以直接使用现成的模块。除了内置的基础库外，Python 还有大量的第三方库。许多大型网站就是用 Python 开发的，例如，国外著名的 YouTube 和 Instagram，还有国内的豆瓣，同时还包括 Google、Yahoo 等大型公司，甚至 NASA 都大量使用 Python。

1.2 Python 语言的发展历史

Python 语言的开发工作由 Guido van Rossum 开始于 1989 年末，接下来转移至荷兰的 CWI

（Centrum voor Wiskunde en Informatica，国家数学和计算机科学研究院）并最终于 1991 年初公开发表。Guido van Rossum 是 CWI 的一名研究员，其认识到高级教学语言 ABC（All Basic Code）因其语言不是开源的，不利于改进或扩展的重大缺点。因此，他决定开发一种可扩展的高级编程语言，为其研究小组的 Amoeba 分布式操作系统执行管理任务。他从 ABC 汲取了大量的语法，并从系统编程语言 Modular-3 借鉴了错误处理机制，开发出了一种能够通过类和编程接口进行扩展的高级编程语言，且将这种新语言命名为 Python（原意为大蟒蛇）——来源于 BBC（British Broadcasting Corporation，英国广播公司）当时热播的喜剧片 Monty Python。

自从 1991 年初公开发行后，Python 开发者和用户社区逐渐长大，Python 语言逐渐演变成一种成熟的、并获得良好支持的程序设计语言。2011 年 1 月，Python 因在所有编程语言中占有最多市场份额，赢得 Tiobe2010 年度语言大奖。自从 2004 年以后，Python 的使用率是呈线性增长的趋势。

由于 Python 语言的简洁、易读以及可扩展性，所以在国外用 Python 做科学计算的研究机构日益增多，一些知名大学已经采用 Python 讲授程序设计课程，如卡耐基梅隆大学、麻省理工学院等。另外，众多开源的科学计算软件包都提供了 Python 的调用接口，如著名的计算机视觉库 OpenCV（Open Source Computer Vision，开源计算机视觉库）、三维可视化库 VTK（Visualization Tool Kit）、医学图像处理库 ITK（Insight segmentation and registration Tool Kit）。而 Python 专用的科学计算扩展库就更多了，例如 NumPy、SciPy 和 Matplotlib 这 3 个十分经典的科学计算扩展库，都分别为 Python 提供了数值计算、科学计算以及绘图功能。因此，Python 语言及其众多的扩展库所构成的开发环境十分适合工程技术、科研人员处理实验数据、制作图表、甚至开发科学计算应用程序。

1.3 Python 语言的特点

Python 之所以具有较强的生命力是因为其拥有不同于（或优于）其他语言的特点，其主要特点如下。

1. 免费开源

Python 采取向公众开放源代码的策略，因而广大编程人员可以复制、阅读源代码并对其进行改进和完善，并运用到新的开源软件中。

2. 功能强大

Python 是能够进行系统调用的解析型脚本程序设计语言。它具有更高的数据结构，大大减少了项目中不可或缺的"程序框架"的开发时间。Python 语言还建立了更为有效的数据类型，比如列表和字典等，在减少开发时间的同时也缩短了代码长度。

3. 易学、易读

相对于其他语言，Python 语言关键字少，结构简单、语法清晰，具有很强的伪代码特性。没有其他语言通常用来定义变量、定义代码块等的命令式符号，使得 Python 代码方便阅读，初学者可以在更短时间内轻松上手。

4. 面向对象

Python 支持面向对象编程，同时还支持面向过程的编程。

5. 解释执行

Python 是一种解释型的语言，不需要编译成计算机可执行的二进制代码，可以直接从源代码运行程序。Python 程序是通过 Python 解释器解释并执行的，Python 解释器把程序的源代码转换成称为字节码的中间形式，然后再将其翻译成计算机语言并执行，使得程序员无需关心程序如何编译、程序中用到的库如何加载等复杂问题。这样，使用 Python 将会更加简单，也更容易移植。

6. 可扩展性

Python 的可扩展性使得程序员能够灵活地附加程序，缩短开发周期。因为 Python 是基于 C 语言开发的，所以一般用 C/C++来编写 Python 的扩展功能。

7. 跨平台性

Python 具有强大的跨平台性和可移植性，只需要把 Python 程序复制到另一台计算机上就可以很方便地移植到各种主流的系统平台中。在任何一个平台上用 Python 开发的通用软件都可以稍做修改或者原封不动地在其他平台上运行。这种可移植性既适用于不同的架构，也适用于不同的操作系统。

Python 语言是跨平台的，它可以运行在 Windows、MAC 和各种 Linux/UNIX 系统上。在 Windows 上编写的 Python 程序，可以轻松方便地移植到 MAC 和各种 Linux/UNIX 系统上。

8. 丰富的类库和内存管理器

Python 是世界上拥有最大标准库的编程语言。基于庞大的标准库，我们可以用 Python 编写程序来处理各种工作，包括文档生成、单元测试等功能。在 Python 的程序开发过程中，Python 解析器承担了程序的内存管理工作，使得程序员从内存事务处理中解脱出来，致力于程序功能的实现，从而减少错误，缩短开发周期。

1.4　Python 语言的应用

Python 的应用领域非常广泛，被普遍用于以下领域。

1. 系统编程

提供 API 编程接口，能够方便地进行系统维护和管理，是很多系统管理员理想的编程工具，是 Linux 系统下的标志性语言之一。

2. 图形处理

拥有庞大的对诸如 PIL、Tkinter 等图形类库的支持，能够方便地进行图形处理。

3. 数字处理

NumPy 扩展提供了大量与许多标准数学库对应的接口，可以方便地处理数学问题。

4. 文本处理

Python 提供了很多模块用于文本处理，如 re 模块能够处理正则表达式，XML 分析模块可进行文本的编程开发。

5. 数据库编程

通过 Python DB-API 规范模块，可以与 MS SQL Server、Oracle、Sybase、DB2、MySQL、SQLite 等数据库通信。Python 自带的 Gadfly 模块可提供完整的 SQL 环境。

6. 网络编程

提供丰富的模块支持 Socket 编程，能够方便、快速地开发分布式应用程序。

7. Web 编程

Python 包含了标准 Internet 模块，可用于实现各种网络任务。它也可使用大量的第三方工具进行完整的、企业级的 Web 应用开发。

8. 多媒体应用

Python 的 PyGame 模块可用于编写游戏软件，同时，PyOpenGL 模块则封装了 OpenGL 应用程序编程接口，能进行二维和三维图象处理。

另外，Python 可广泛应用于科学计算、游戏、人工智能、机器人等领域。

1.5　Python 的安装

目前，Python 有两个版本系列，一个是 2.x 版，一个是 3.x 版。这两个版本是不兼容的。由于现在 Python 正在朝着 3.x 版本进化，在进化过程中，大量的针对 2.x 版本的代码要修改后才能运行。

1. Python 的获取

我们可以从 Python 的官方网站下载该软件。打开浏览器，在地址栏输入 https://www.python.org/downloads/，可以选择 2.x 系列的最新的 Python2.7.13 版本，也可以选择 3.x 系列的 Python3.4 版本，本书主要介绍 Python3.4 版本的使用。另外，软件还分 32 位和 64 位版本，本书选择 64 位版本。

2. Python 的安装

在下载目录中找到下载的 Python 安装文件 python-3.4.4.amd64.msi，双击这个文件，开始按安装向导进行安装。

3. 环境配置

把 Python 系统的安装目录，这里是"C:\Python34"，添加到系统环境变量 Path 中。

4. Python 的启动方式

当正确安装并配置了 Python 的环境变量后，就可以正常运行 Python 了。可以通过两种方式启动 Python：一种是使用命令行启动，另一种是使用 Python 的集成开发环境 IDLE 启动。

（1）Python 的命令行启动

进入 DOS 命令行窗口，输入 python，出现如图 1-1 所示界面，则说明已成功在 DOS 系统下启动 Python 了。

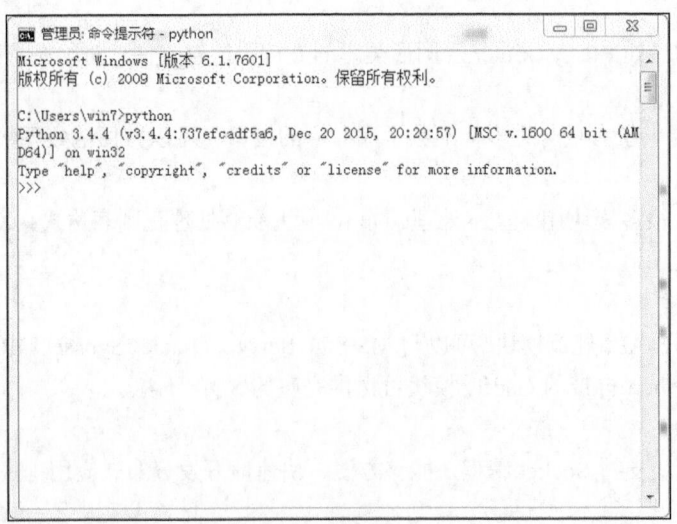

图 1-1　DOS 系统下启动 Python

（2）使用 Python 集成开发环境（IDLE）启动

除了上面的方式，我们还可以使用 Python 集成开发环境（IDLE）来启动 Python。单击"开始"菜单/ "所有程序" /Python3.4/IDLE（Python 3.4 GUI-64bit）启动 Python，如图 1-2 所示。

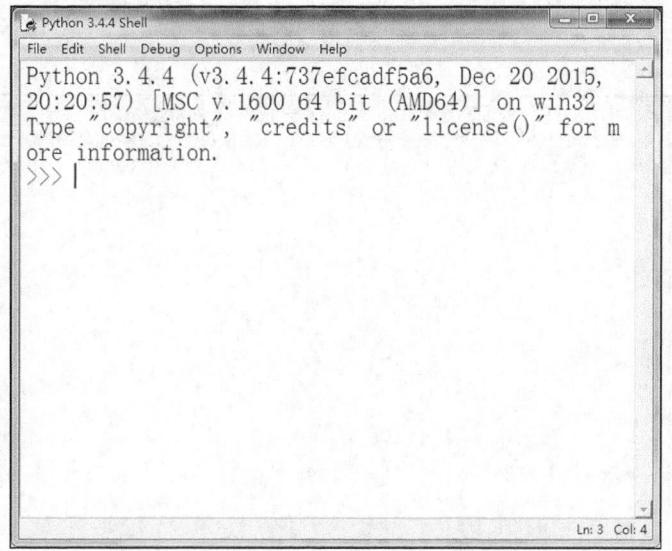

图 1-2　使用集成开发环境 IDLE 启动 Python

1.6　第一个 Python 程序

接下来我们正式开始编写 Python 代码。首先，我们通过 IDLE 启动解析器，然后在交互模式下的提示符">>>"下输入"print("hello world")"命令行后回车，即可看到 IDLE 窗口中会输出"hello world"，如图 1-3 所示。

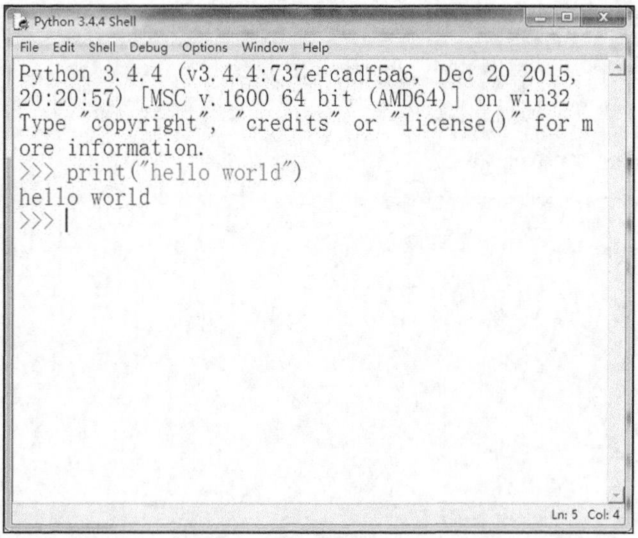

图 1-3　第一个 Python 程序

这行程序是调用了 Python 内置的一个 print 函数，在解析器上打印出引号里面的内容。

接下来讲解如何创建源文件编写上面的输出代码并调用该文件执行输出。

（1）在 IDLE 下启动的 Python Shell 窗口中单击 File→New File，打开一个源文件编辑窗口。

（2）在这里输入代码并保存为"FirstPython.py"，Python 源文件名以".py"或".pyw"为后缀名，如图 1-4 所示。

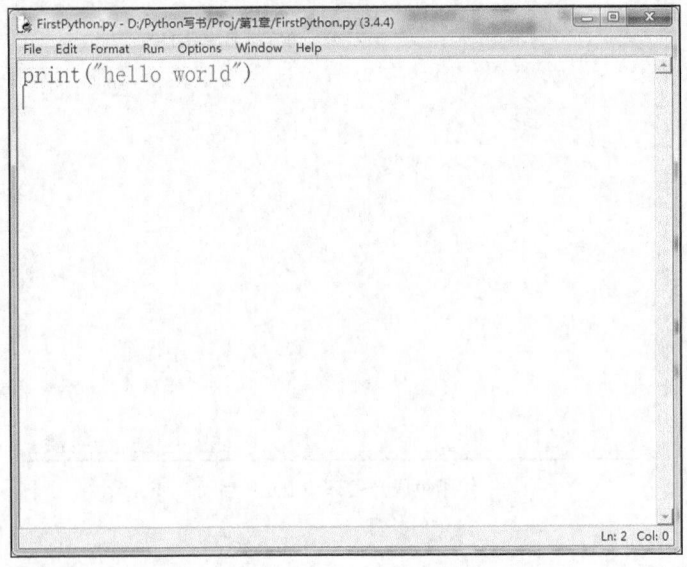

图 1-4　第一个 Python 程序的源文件

（3）运行有两种方式。

① 在这个编辑器中单击 Run→Run Module 或按[F5]键运行程序，运行结果和图 1-3 类似，也显示在 IDLE 窗口中。

② 在 DOS 命令窗口进入到保存"FirstPython.py"文件所在的目录，输入"python FirstPython.py"并回车即可看到运行结果，如图 1-5 所示。

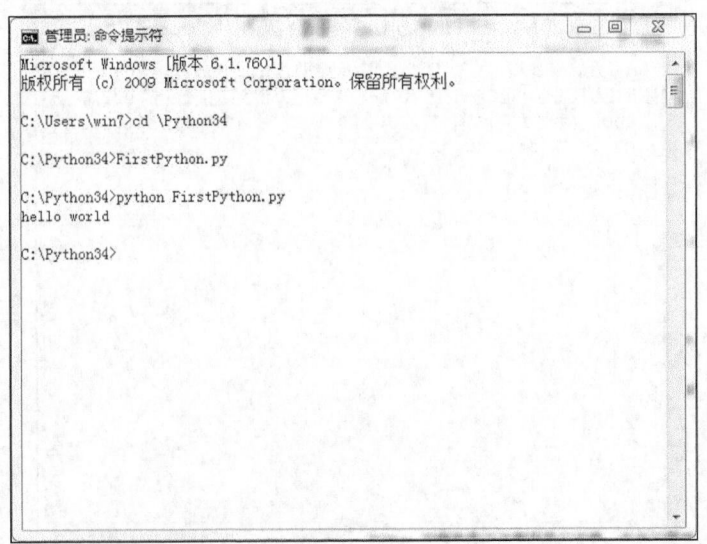

图 1-5　在命令行窗口下执行 Python 程序

小　　结

本章首先讲解了什么是 Python 及 Python 语言的发展历史，然后介绍了 Python 语言的特点和应用，最后讲解了 Python 的安装并给出了第一个 Python 程序的创建、编辑和执行过程。

习　　题

1. 安装 Python 并配置环境变量。
2. 在交互模式下用 print 函数输出"hello world"。
3. 创建一个 Python 的源文件，使用 print 函数输出你的基本信息，包括姓名、性别、年龄、住址等信息，并在 DOS 系统下执行该文件。

第2章
数据类型、运算符及表达式

本章要点

- 理解 Python 程序的基本结构。
- 理解 Python 的输出格式。
- 掌握 Python 的基本数据类型。
- 掌握 Python 的输入输出函数。
- 掌握 Python 的运算符和表达式。

本章介绍 Python 程序的基本结构、简单数据类型、输入输出函数和 Python 的运算符和表达式。在介绍相关知识点的过程中结合例子进行说明，以便让读者更好地理解、掌握知识点。最后，本章末尾给出的练习题将使读者进一步巩固本章重要的知识点。

2.1 Python 程序基本结构

Python 程序结构涉及代码块、注释、语句分隔、语句续行、关键字与大小写等内容。

1. 用缩进表示代码块

在 Java、C/C++等语言中，用花括号表示代码块，Python 使用缩进（空格）来表示代码块。通常，语句末尾的冒号表示代码块的开始。在 if、for、while、函数、类等定义中都会使用到代码块。例如：

```
if x>100:
    y=x*5-1
else:
    y=0
```

在包含代码嵌套时，应注意同级代码块的缩进量保持相同（若不同，则可能会导致出错或得到意外的结果）。

2. 代码注释

Python 的代码注释有单行注释和多行注释，在运行程序时会忽略被注释的内容。单行注释用"#"表示注释开始，"#"之后的内容不会被执行。单行注释可以单独占一行，也可以放在语句末尾。多行注释是用 3 个英文的单引号"'''"或双引号"""""作为注释的开始和结束符号。例如：

```
"""多行注释
下面的代码根据变量 x 的值计算 y
```

```
注意代码中使用缩进表示代码块
多行注释结束
"""
x=5
if x>100:
     y=x*5-1            #单行注释:x>100时执行该语句
else:
     y=0                #x<=100时执行该语句
print(y)               #输出y
```

3. 语句续行

通常，Python 中的一条语句占一行，没有类似于 Java 中的分号等语句结束符号。在遇到较长的语句时，可使用语句续行符号，将一条语句写在多行之中。

Python 有两种续行方式。一种是使用 "\" 符号。例如：

```
if x<100 \
    and x>10:
    y=x*5-1
else:
    y=0
```

应注意在 "\" 符号之后不能有任何其他符号，包括空格和注释。另一种特殊情况下的续行方式是在使用括号（包括圆括号()、方括号[]和花括号{}等）时，括号中的内容可分多行书写，括号中的空白和换行符都会被忽略。例如：

```
if (x<100 #这是多行语句中的注释
    and x>10):
    y=x*5-1
else:
    y=0
```

4. 语句分隔

Python 使用分号分隔语句，从而将多条语句写在一行。例如：

```
print(100);print(2+3)
```

如果冒号之后的语句块只有一条语句，Python 允许将语句写在冒号之后，同时，冒号之后也可以是分号分隔的多条语句。例如：

```
x=5
if x<100 and x>10:y=x*5-1
else:y=0;print('x>=100 或 x<=10')
```

5. 关键字与大小写

Python 语言的基本组成中使用的各种标识符，如 if、for、while 等，可称为关键字。Python 对大小写敏感，关键字和各种自定义标识符在使用时区分大写和小写。

2.2　基本输入和输出

在 Python 程序中，通常用 input 和 print 函数来执行基本的输入和输出。

2.2.1 基本输入

input 函数用于获得用户的输入数据，其基本格式如下。

```
变量 = input('提示字符串')
```

其中，变量和提示字符串均可省略。input 函数将用户输入以字符串返回。用户按【Enter】键完成输入，【Enter】键之前的全部字符均作为输入内容。例如：

```
>>> a=input('请输入数据:')
请输入数据:'abc' 123,456 "python"
>>> a
'\'abc\' 123,456 "python"'
>>>
```

如果需要输入整数或小数，则需要使用 int 或 float 函数进行转换。例如：

```
  >>> a=input('请输入一个整数:')
  请输入一个整数:5
 >>> a                          #输出 a 的值,可看到输出的是一个字符串
 '5'
 >>> a+1                        #因为 a 中是一个字符串,试图执行加法运算，所以出错
Traceback (most recent call last):
    File "<pyshell#4>", line 1, in <module>
    a+1                        #因为 a 中是一个字符串，试图执行加法运算，所以出错
    TypeError: Can't convert 'int' object to str implicitly
>>> eval(a)+1          #将字符串转为整数再执行加法运算
    6
>>> int(a)+1          #将字符串转为整数再执行加法运算
    6
>>>
```

2.2.2 基本输出

Python 3.x 中使用 print 函数完成基本输出操作。print 函数基本格式如下。

```
print([obj1,…][,sep=''][,end='\n'],[,file=sys.stdout])
```

1. 省略所有参数

print 函数所有参数均可省略。无参数时，print 函数输出一个空行。例如：

```
>>> print()

    >>>
```

2. 输出一个或多个对象

print 函数可同时输出一个或多个对象。例如：

```
>>> print(123)                #输出一个对象
123
>>> print(123,'abc',45,'book')        #输出多个对象
123 abc 45 book
>>>
```

在输出多个对象时，对象之间默认用空格分隔。

3. 指定输出分隔符

print 函数默认分隔符为空格，可用 sep 参数指定特定符号作为输出对象的分隔符号。例如：

```
>>> print(123,'abc',45,'book',sep='#')      #指定用"#"作为输出分隔符
 123#abc#45#book
>>>
```

4. 指定输出结尾符号

print 函数默认以回车换行符号作为输出结尾符号，即在输出最后会换行，后面的 print 函数的输出在新的一行开始。可以用 end 参数指定输出结尾符号。例如：

```
>>> print('price');print(100)        #默认输出结尾，分两行输出
 price
 100
>>> print('price',end='=');print(100)        #指定输出结尾，输出在一行
price=100
>>>
```

5. 输出到文件

print 函数默认输出到标准输出流（即 sys.stdout）。在 Windows 命令行输出时，print 函数输出到命令行窗口。可用 file 参数指定输出到特定文件。例如：

```
>>> file1=open('data.txt','w')   #打开文件
>>> print(123,'abc',45,'book',file=file1)   #用 file 参数指定输出到文件
>>> file1.close()        #关闭文件
>>> print(open('data.txt').read())        #输出从文件中读出的内容
123 abc 45 book
```

2.3　数　据　类　型

Python 语言的数据类型主要包括整型（int）、浮点型（float）、字符串（string）、布尔型（bool）、列表（list）、元组（tuple）、集合（set）、字典（dictionary）等。这里主要介绍整型、浮点型、布尔型、复数、小数和分数。在介绍这些数据类型之前，先讲解一下变量的基本知识。

2.3.1　变量

变量是一种使用方便的占位符，用于引用计算机内存地址。变量代表在内存中具有特定属性的一个存储单元，该单元用来存放数据即变量的值。在程序运行期间，这些值是可以改变的。一个变量应该有一个名字，以便引用。

和其他高级语言一样，在 Python 语言中，用来对变量、函数、数组等数据对象命名的有效字符序列称为标识符。Python 语言规定标识符只能由字母、数字和下画线 3 种字符组成，且第一个字符必须为字母或下画线。比如，amount、Sum、_rate、User_name、BASE、Li_Wang 等为合法标识符，而 MR.White、$11、&name、1Varable 等为非法标识符。

此外，还要注意，标识符不能和 Python 提供的关键字相同。下面列出 Python 3.x 版本的 33 个关键字。

False	None	True	and	as	assert	break
class	continue	def	del	elif	else	except

```
finally    for        from        global    if      import    in
is         lambda     nonlocal    not       or      pass      raise
return     try        while       with      yield
```

常用的关键字将在后续章节中陆续讲到。

C、C++ 和 Java 等都属于静态数据类型语言，即要求变量在使用之前必须声明其数据类型（即变量定义）。Python 属于动态数据类型语言，其数据类型处理方式有所不同：变量没有数据类型的概念，数据类型属于对象，类型决定了对象在内存中的存储方式；当在表达式中使用变量时，变量立即被其引用的对象替代，所以变量在使用之前必须为其赋值；变量在第一次赋值时被创建，再次出现时直接使用。例如：

```
>>> x=5              #第一次使用,创建变量 x,引用对象 5
>>> print(x+3)       #执行时变量 x 被对象 5 替代,语句实际为 print(5+3)
 8
```

数据类型决定了程序如何存储和处理数据。数字常量是程序处理的基本数据，接下来通过介绍 Python 的数字常量了解 Python 的基本数据类型。

2.3.2　数据类型：数字常量和数字对象

1. 整数常量

整数常量就是不带小数点的数。在 Python 3.x 中，不再区分整数和长整数。一般的整数常量是十进制的，Python 还允许将整数常量表示为二进制数、八进制数和十六进制数。二进制数以 0b 或 0B 开头，后面跟二进制数字（0 和 1），如 0b101、0B11；八进制数以 0o 或 0O 开头，后跟八进制数字（0~7），如 0o15、0O123；十六进制以 0x 或 0X 开头，后跟十六进制数字（0~9、A~F），字母大小写均可，如 0x12AB、0X123。注意：不同进制只是整数的不同书写形式，程序运行时都会处理为十进制数。

可以使用 int 函数将一个字符串按指定进制转换为整数。int 函数基本格式如下。

```
int('整数字符串',n)
```

int 函数按 *n* 进制将整数字符串转换为对应的整数。例如：

```
>>> int('11')     #十进制
11
>>> int('11',2)   #二进制
3
>>> int('11',8)   #八进制
9
>>> int('11',10)  #十进制
11
>>> int('11',16)  #十六进制
17
>>> int('11',5)   #五进制
6
```

int 函数的第一个参数只能是整数字符串，即第一个字符可以是正负号，其他字符必须是数字，能包含小数点或其他符号，否则报错。例如：

```
>>> int('+12')
12
```

```
>>> int('-12')
-12
>>> int('12.3')          #字符串中包含了小数点，错误
Traceback (most recent call last):
  File "<pyshell#12>", line 1, in <module>
    int('12.3')
ValueError: invalid literal for int() with base 10: '12.3'
```

Python 提供了内置的函数 bin(x)、oct(x)、hex(x)，用于将整数转换为对应进制的字符串。例如：

```
>>> bin(20)          #转为二进制字符串
'0b10100'
>>> oct(20)          #转为八进制字符串
'0o24'
>>> hex(20)          #转为十六进制字符串
'0x14'
```

2. 浮点数常量

12.5、2. 、3.0、2.22e+10、1.24E-10 等都是合法的浮点数常量。可以用 type 函数查看数据类型。例如：

```
>>> type(123)
<class 'int'>
>>> type(133.0)
<class 'float'>
```

3. 复数常量

复数常量表示为"实部+虚部"形式，虚部以 j 或 J 结尾。可以用 complex 函数创建复数，其基本格式如下。

```
complex(实部,虚部)
```

例如：

```
>>> complex(3,2)
(3+2j)
>>> type(3+2j)
<class 'complex'>
```

4. 布尔类型常量

布尔类型已经成为 Python 的一种正式的数据类型，其有两个值 True 和 False，分别用于表示逻辑真和逻辑假。True 和 False 是两个预定义的内部变量。从面向对象的角度看，布尔类型是 int 类型的子类，而 True 和 False 是布尔类型的实例。用于计算时，True 对应整数 1，False 对应整数 0。例如：

```
>>> type(True)
<class 'bool'>
>>> True==1     #测试 True 是否等于 1
True
>>> True+3      #将 True 用于数字的加法运算
4
>>> True is 1     #测试 True 和 1 是否是同一个对象
False
>>> isinstance(True,int)     #测试 True 是否是 int 的实例
True
```

5. 小数对象

由于计算机中的硬件限制，所以浮点数有一个缺点就是缺乏精度。例如：

```
>>> 0.3-0.1-0.1-0.1          #计算结果不是 0
-2.7755575615628914e-17
>>> 0.3+0.3+0.3+0.1          #计算结果不是 1.0
0.9999999999999999
```

因此，从 Python 2.4 起就引入了一种新的数字类型：小数对象。小数可以看作固定精度的浮点数，它有固定的位数和小数点，可以满足精度的要求。

（1）创建和使用小数对象

小数对象使用 decimal 模块中的 Decimal 函数来创建，所以使用时应先导入函数。例如：

```
>>> from decimal import Decimal     #从模块导入函数
>>> Decimal('0.3')+Decimal('0.3')+Decimal('0.3')+Decimal('0.1')
Decimal('1.0')
>>> Decimal('0.3')-Decimal('0.1')-Decimal('0.1')-Decimal('0.1')
Decimal('0.0')
>>> type(Decimal('1.0'))
<class 'decimal.Decimal'>
```

（2）小数的全局精度

可以使用 decimal 模块中的上下文对象设置小数的全局精度。例如：

```
>>> Decimal('1')/Decimal('3')   #用默认精度计算小数
Decimal('0.3333333333333333333333333333')
>>> import decimal              #导入模块
>>> decimal.getcontext().prec=5     #设置全局小数精度为 5 位有效数字
>>> Decimal('1')/Decimal('3')
Decimal('0.33333')
>>> Decimal('10')/Decimal('3')
Decimal('3.3333')
```

（3）小数的临时精度

可以利用 with 语句创建临时的上下文对象，以设置临时的小数精度。例如：

```
>>> with decimal.localcontext() as local:
local.prec=3            #设置临时小数精度为 3 位有效数字
Decimal('1')/Decimal('3')      #用临时精度计算
Decimal('10')/Decimal('3')


Decimal('0.333')
Decimal('3.33')
>>> Decimal('1')/Decimal('3')       #用默认全局小数精度计算（前面例子把默认全局精度改为 5）
Decimal('0.33333')
```

6. 分数对象

分数是 Python 2.6 和 3.0 版本引入的新类型。分数对象明确地拥有一个分子和分母，且分子和分母保持最简。使用分数可以有效避免浮点数的不精确性。可使用 fractions 模块中的 Fraction 函数来创建分数，创建后可用于各种计算。例如：

```
>>> from fractions import Fraction #从模块导入函数
>>> x=Fraction(2,8)             #创建分数
```

```
>>> x
Fraction(1, 4)
>>> x+2                    #将分数用于计算
Fraction(9, 4)
>>> x-2
Fraction(-7, 4)
>>> x*2
Fraction(1, 2)
>>> x/2
Fraction(1, 8)
```

分数的打印格式和交互模式下的显示有所不同。例如：

```
>>> x              #交互模式直接显示分数
Fraction(1, 4)
>>> print(x)       #打印分数
1/4
```

最后，还可以使用 Fraction.from_float 函数将浮点数转换为分数，例如：

```
>>> Fraction.from_float(1.25)
Fraction(5, 4)
```

2.4　运　算　符

Python 语言的运算符主要有以下几类。

（1）算术运算符（+、-、*、/、%、**、//）。

（2）关系运算符（>、<、==、>=、<=、! =、<>）。

（3）逻辑运算符（and、or、not）。

（4）位运算符（&、|、^、~、<<、>>）。

（5）赋值运算符（=以及复合赋值运算符）。

（6）成员运算符（in、not in）。

（7）同一运算符（is、is not）。

下面各小节将对这些运算符进行讲解。

2.4.1　算术运算符和算术表达式

1. 基本的算术运算符

（1）+（加法运算符，或正值运算符，如 2+3、+2）。

（2）-（减法运算符，或负值运算符，如 3-2、-3）。

（3）*（乘法运算符，如 2*3）。

（4）/（除法运算符，如 3/2）。

（5）%（取模运算符或称求余运算符）。

（6）**（幂运算符）。

（7）//（取整除运算符，主要用于浮点数，结果为小于商的最大整数）。

例 2.1 算术运算符的使用。

```
a=2+3
b=3-2
c=2*3
d=7/2
e=7/2.0
f=7%2
g=7%2.3
h=2**3
i=3//2.0
print("a=%d,b=%d,c=%d,d=%d,e=%g,f=%d,g=%g,h=%d,i=%g"%(a,b,c,d,e,f,g,h,i))
```

运行结果：

```
>>>
a=5,b=1,c=6,d=3,e=3.5,f=1,g=0.1,h=8,i=1
```

这里需要说明的是，在 Python 3.0 以前版本中，使用单斜杠（/）除法运算符时，如果相除的两个数都是整数，则相除的结果是小于商的最大整数，如 7/2=3；如果相除的两个数中有一个或两个都是浮点数，则返回的结果就是商，如 7/2.0=3.5。但在 Python 3.0 以后就不作区分了，一律都是返回浮点数，但本实例由于加了格式控制符"d=%d,e=%g"，所以输出依然有不同。对于双斜杠（//）除法运算符，无论相除的两个数是整数还是浮点数，其结果都是小于商的最大整数。另外，Python 的求余运算符支持浮点数的求余，且余数的符号与除数的符号一致。例如：

```
>>> 5%2,5%-2,-5%2,-5%-2
(1, -1, 1, -1)
>>> 5%2.0,5%-2.0,-5%2.0,-5%-2.0
(1.0, -1.0, 1.0, -1.0)
```

2. 算数表达式和运算符的优先级

用算术运算符和括号将运算对象连接起来的符合 Python 语法规则的式子称为 Python 算术表达式。运算对象包括常量、变量、函数等。例如：

```
>>> a=5;b=3;c=2
>>> a+3*b/2-2.5
7.0
```

Python 语言规定了运算符的优先级。在表达式求值时，按照运算符的优先级别高低次序执行。

3. 计算中的自动数据类型转换

在遇到不同类型的数字参数运算时，Python 总是将简单的类型转换为复杂的类型。例如：

```
>>> 2+3.5,type(2+3.5)
(5.5, <class 'float'>)
>>> 2+3.5+(2+3j),type(2+3.5+(2+3j))
((7.5+3j), <class 'complex'>)
```

Python 中的类型复杂度为：布尔类型比整数简单、整数比浮点数简单、浮点数比复数简单。

2.4.2 关系运算符和关系表达式

所谓关系运算实际上是比较运算，将两个值进行比较，并判断比较的结果是否符合给定的条件。

1. 关系运算符及其优先级

Python 语言提供 7 种关系运算符。

（1）>（大于）。

（2）>=（大于或等于）。

（3）<（小于）。

（4）<=（小于或等于）。

（5）==（等于）。

（6）!=（不等于）。

（7）<>（不等于，和"!="功能一样，Python3.0 后不再使用）。

关于优先级别有以下几点需注意。

（1）在 Python 语言中，所有的关系运算符的优先级别都相同。这不同于 C 语言。

（2）关系运算符的优先级低于算术运算符。

（3）关系运算符的优先级高于赋值运算符。

例如，a>b+c 等效于 a>(b+c)；a=b>c 等效于 a=(b>c)。

例 2.2　关系运算符的使用。

```
>>> a=3;b=5;c=7
>>> a>b
False
>>> a<b
True
>>> a>=b;a<=b;a==b;a==3;a!=b;a<>b;    #<>不再使用
SyntaxError: invalid syntax
>>> a>=b
False
>>> a<=b
True
>>> a==b
False
>>> a==3
True
>>> a!=b
True
>>> a>=b;a<=b;a==b;a==3;a!=b
False
True
False
True
True
>>> a!=b>c            #3!=5，返回 True，True 自动转为 1，然后判断 1>7，所以返回 False
False                 #在 C 语言中将返回 1，即 true，因为>运算符优先级高于! =运算符
```

2. 关系表达式

用关系运算符将两个表达式（可以是算术表达式、关系表达式、逻辑表达式、字符串表达式）连接起来的式子称为关系表达式。关系表达式的值是一个逻辑值，即 True 或 False。

例 2.3　关系表达式。

```
>>> a=3;b=5;c=7;d=9
>>> a+b>c+d
False                     #相当于(3+5)>(7+9)
>>> (a>b)>(c>d)
False                     #相当于(3>5)>(7>9)，即 0>0
```

```
>>> "abc">"acd"
False                          #从第一字符开始比较字符的 ASCII 码，第一个字符相等比较下
                               #一个字符，直到分出结果
```

Python 允许将连续的多个比较进行缩写，例如：

```
>>> a=1;b=3;c=5
>>> a<b<c        #等价于 a<b and b<c
True
>>> a==b<c       #等价于 a==b and b<c
False
>>> a<b>c        #等价于 a<b and b>c
False
```

2.4.3　逻辑运算符和逻辑表达式

用逻辑运算符将关系表达式或逻辑量连接起来的式子称为逻辑表达式。下面介绍 Python 语言中的逻辑运算符和逻辑表达式。

1. 逻辑运算符及其优先级

Python 语言提供 3 种逻辑运算符。

（1）逻辑非 not。例如：

```
>>> not None,not 0 ,not '',not {}   #空序列''、()、[]，以及空映射{}等均为逻辑假 False
```

上述运算的结果为 True、True、True、True。

（2）逻辑与 and。以类似 "x and y" 的格式出现。当 x、y 这两个操作数都为 True 时，结果才为 True，否则为 False。当 x 为 False 时，and 运算结果肯定为 False，Python 不会再计算 y。例如：

```
>>> True and True,True and False,False and True,False and False
```

上述逻辑运算的结果为 True、False、False、False。

（3）逻辑或 or。以 "x or y" 的格式出现，其中，在两个操作数都为 False 时，结果才为 False，否则为 True。当 x 为 True 时，or 运算结果肯定为 True，Python 不会再计算 y。例如：

```
>>> True or True,True or False,False or True,False or False
```

上述逻辑运算的结果为 True、True、True、False。

在一个逻辑表达式中如果包含多个逻辑运算符，例如 not (a>b) and (b>c) or d，可按以下的有效次序进行运算。

（1）not→and→or。

（2）逻辑运算符低于关系运算符，这和 C 语言有些不同。在 C 语言中，逻辑运算符中的 not（非）高于算术运算符（即也高于关系运算符）。例如：

```
>>> not 2+3>1      #相当于 not ((2+3)>1)，即 not(5>1)，返回 False
False              #在 C 语言中则相当于((not 2)+3)>1，返回 1（即 true）
```

2. 逻辑表达式

Python 的逻辑表达式的值可以是布尔值，也可以是整数、浮点数，甚至还可以是字符串。这与 C 语言的逻辑表达式的值不同。在 C 语言中，逻辑表达式的值只能是一个逻辑量 1 或 0。但在判断一个量是否为"真"时，Python 和 C 语言却是一样的，都是以 0 或空字符（串）代表"假"，以非零或非空字符（串）代表"真"。

例 2.4　逻辑表达式示例。

```
>>> a=3;b=5;c=4.5;d="C";e="Python"
>>> not a              #对 3(true)取非, 所以返回 false
False
>>> a and b            #a,b 都为 true,返回最后一个表达式的值, 即 5(b)
5
>>> b and a            #a,b 都为 true,返回最后一个表达式的值, 即 3(a)
3
>>> a or b             #当运算符为 or 时, a 为 true,即使 b 为 true 也不再运算,所以整个表
3                      #达式返回 a 的值 3
>>> b and c            #b,c 都为 true,返回最后一个表达式的值, 即 4.5(c)
4.5
>>> d and e            #d,e 都为 true,返回最后一个表达式的值, 即"Python"(e)
'Python'
```

2.4.4　位运算符

所谓位运算, 是指进行二进制位的运算, Python 语言提供了 ~ 、& 、^ 、| 、<< 、>> 等运算符, 按操作数的二进制位进行操作。这里的数据只能是整型数据, 不能为浮点型或字符串型。

1. 按位取反~

操作数的二进制位中, 1 取反为 0, 0 取反为 1, 符号位也参与操作。例如:

```
>>> ~5       #5 的 8 位二进制形式为 0000 0101, 按位取反为 1111 1010, 即-6 的补码
-6
>>> ~-5      #-5 的 8 位二进制形式为 1111 1011, 按位取反为 0000 0100, 即 4
4
```

2. 按位与&

将两个操作数按相同位置的二进制位进行与操作,两个位上都是 1 时,与结果为 1,否则为 0。例如:

```
>>> 4&5   #4 的 8 位二进制形式为 0000 0100, 5 为 0000 0101, 所以结果为 0000 0100
4
>>> -4&5  #-4 的 8 位二进制形式为 1111 1100, 5 为 0000 0101, 所以结果为 0000 0100
4
```

3. 按位异或^

按位异或指位上的数相同时结果为 0, 否则为 1。例如:

```
>>> 4^5
1
>>> -4^5
-7
```

4. 按位或|

按位或指位上的数有一个为 1 时结果为 1, 否则为 0。例如:

```
>>> 4|5
5
>>> -4|5
-3
```

5. 向左移位<<

"x<<y"将 x 按二进制形式向左移动 y 位，末尾补 0，符号位保持不变。向左移动 1 位等同于乘以 2。例如：

```
>>> 1<<2
4
>>> -1<<2
-4
```

6. 向右移位>>

"x>>y"将 x 按二进制形式向右移动 y 位，符号位始终保持不变。向右移动 1 位等同于除以 2。例如：

```
>>> 8>>2
2
>>> -8>>2
-2
```

2.4.5 赋值运算符和赋值表达式

赋值运算符"="的作用是将一个数据或者表达式赋给一个变量。如"a=5"的作用是执行一次赋值操作，或者称为赋值运算。在赋值符"="之前加上其他的运算符，可以构成复合赋值运算符。例如：a += 5 相当于 a = a + 5；a /= a - 3 相当于 a = a / (a - 3)；a &= 3 相当于 a = a & 3。

凡是二目运算符都可以与赋值符一起组成复合赋值运算符。例如+=、-=、*=、/=、<<=、>>=、&=、|=等。

Python 除了支持简单赋值，还支持多目标赋值、序列赋值等。多目标赋值指用连续的多个"="为变量赋值。例如：

```
>>> a=b=c=10        #将 10 赋值给变量 a、b、c
>>> a,b,c
(10, 10, 10)
```

序列赋值也可以一次性为多个变量赋值。序列赋值指"="左侧是元组、列表表示的多个变量名，右侧是元组、列表或字符串等序列表示的值。Python 按顺序匹配变量名和值。例如：

```
>>> x,y=1,2     #使用省略圆括号的元组赋值
>>> x,y
(1, 2)
>>> (x,y)=(10,20)   #使用元组赋值
>>> x,y
(10, 20)
>>> [x,y]=[30,'abc']    #使用列表赋值
>>> x,y
(30, 'abc')
```

当"="右侧为字符串时，Python 会将字符串分解为单个字符，依次赋值给各个变量。此时，变量个数和字符个数必须相等，否则会出错。例如：

```
>>> (x,y,z)='abc'   #用字符串赋值
>>> x,y,z
('a', 'b', 'c')
>>> ((x,y),z)='ab','cd'     #用嵌套的元组
```

```
>>> x,y,z
('a', 'b', 'cd')
```

另外，还可以在变量名之前使用"*"，为变量创建列表对象引用。此时，不带星号变量匹配一个值，剩余的值作为列表对象。例如：

```
 >>> x,*y='abcd'      #x 匹配第一个字符，剩余字符作为列表匹配 y
>>> x,y
('a', ['b', 'c', 'd'])
>>> *x,y='abcd'      #y 匹配最后一个字符，剩余字符作为列表匹配 x
>>> x,y
(['a', 'b', 'c'], 'd')
>>> x,*y,z='abcde'    #x 匹配第一个字符，z 匹配最后一个字符,剩余字符作为列表匹配 y
>>> x,y,z
('a', ['b', 'c', 'd'], 'e')
>>> x,*y=[1,2,'abc','汉字']  #x 匹配列表第一个对象，剩余对象匹配 y
>>> x,y
(1, [2, 'abc', '汉字'])
```

2.4.6　其他运算符

除了以上的一些运算符外，Python 还支持成员运算符和同一运算符。本小节主要介绍这两个运算符。

1. 成员运算符

成员运算符 in 的作用是用来判断某个数据或者变量是否在给定的数据对象中，如果在则返回 True，否则返回 False。而成员运算符 not in 的作用正好相反。这里的数据对象可以是字符串、列表、元组、字典和集合。关于这些对象将在第 4 章中介绍。例如：

```
#给定的数据对象是字符串
>>> str="Python"
>>> "n" in str
True
>>> "e" in str
 False
 >>> "n" not in str
 False
>>> "e" not in str
True

#给定的数据对象是列表
>>> a=1;b=7
>>> list=[1,2,3,4,5]      #这里定义了一个列表变量 list
>>> a in list
True
>>> b in list
False
>>> a not in list
False
>>> b not in list
True
>>>
```

2. 同一运算符

同一运算符 is 的作用是用来判断两个标识符是否引用自同一个对象，如果是则返回 True，否则返回 False。而同一运算符 (is not) 的作用正好相反。例如：

```
>>> a=3;b=3;c=3.5;d=3.5
>>> id(a)        #id() 函数是求标识符的内存地址
506111136        #这个内存地址是随机分配的
>>> id(b)
506111136
>>> a is b
True             #内存地址一样，即它们引用自同一个对象，所以返回 True
>>> a is not b
False
>>> id(c)
31457880
>>> id(d)
31457880
>>> c is d       #地址相同，说明引用的是同一个对象
 True
>>> c=3.5
>>> d=3.5
>>> id(c)
49097672
>>> id(d)
49097600
>>> c is d       #地址不同，故引用的不是同一个对象
False
```

注意　通过上面例子可以看出，浮点数的赋值方式不同，对象的引用形式也是不同的。

2.4.7　运算符的优先级

在前面各小节中也对一些运算符的优先级进行了介绍，为了让读者更好地掌握运算符的优先级，这里将对常用的运算符优先级进行归纳总结。表 2-1 列出了常用的运算符及它们的优先级次序。

表 2-1　　　　　　　常用的运算符及它们的优先级次序（从高到低依次排序）

运　算　符	描　　述
**	指数
~x	按位取反
+x，-x	取正、取负
*，/，//，%	乘法、除法、整数除与取余
+，-	加法与减法
<<，>>	移位
&	按位与
^	按位异或
|	按位或
<，<=，>，>=，!=，<>，==	关系（比较）
is，is not	同一性测试
in，not in	成员测试

续表

运 算 符	描 述
not x	逻辑非
and	逻辑与
or	逻辑或

从上表可以看出，Python 的逻辑运算符的优先级低于关系运算符，而关系运算符的优先级低于算术运算符。可以通过括号来改变运算符的执行顺序。

小 结

本章主要讲解了以下几个知识点。

（1）变量的含义。

（2）Python 的数据类型。本章主要讲解 Python 的基本数据类型，包括整型、浮点型、布尔型等。

（3）Python 的输入输出。Python 的输入是通过 print 语句实现的。

（4）Python 的运算符和运算符优先级。主要包括算术运算符、关系运算符、逻辑运算符、位运算符、赋值运算符等。

习 题

一、计算题

1. 请将下面各数分别用八进制数和十六进制数表示。

（1）13 （2）65 （3）129 （4）255

（5）−123 （6）781 （7）−1024 （8）32678

2. 写出下面表达式的结果。

（1）2+3**3/2-7 （2）not 2 >1>5+4

（3）7|9& ~ 2 （4）a>b and a>c or b==c(a=5,b=3,c=7)

二、上机练习

1. 从终端接收一个年份，判断该年是否是闰年。

2. 利用 Python 作为科学计算器，分别求出下面表达式的值：11*25/2+16-789%10、11*(25//(2+16)−789)%10、75>>2*2&12。

第3章
程序流程控制

本章要点

■ 掌握 if 语句。

■ 掌握 while 和 for 循环语句。

■ 会使用 break 和 continue 语句控制程序的执行顺序。

本章首先向读者介绍 Python 语言中的 if 选择语句以及它的基本变形，然后介绍 while 和 for 循环语句，同时还介绍了循环语句中经常用到的 break 和 continue 语句。最后，本章末尾给出的练习题将使读者进一步巩固本章重要的知识点。

3.1 控 制 结 构

Python 允许程序员自行控制要执行的语句。这是由 Python 的"控制结构"来实现的。Python 语言提供 3 种类型的选择结构。它们分别通过 if、if/else 和 if/elif/else 这 3 种语句来实现。对于 if 选择结构，如果给定的条件成立（true），则会执行一条或一段语句，否则，跳过这条或这段语句。对于 if/else 选择结构，如果条件成立（true），则会执行一条或一段语句，否则，执行另一条或另一段语句。对于 if/elif/else 选择结构，则根据条件的成立与否在多个不同的语句中选择一个执行。这 3 种类型的选择结构将在下一节中分别介绍。

Python 语言提供两种类型的循环结构，它们分别通过 while 和 for 语句来实现。while 语句是当条件成立（true）时，执行 while 语句中的内嵌语句，其特点是先判断条件，后执行语句。for 语句可以循环遍历任何序列的数据对象，如一个列表或者一个字符串等。

接下来分别介绍选择结构和循环结构。

3.2 选 择 结 构

选择结构的作用是根据所指定的条件是否满足，而执行相对应的操作。Python 提供了 3 种类型的选择结构：if、if/else 和 if/elif/else。这 3 种类型的选择结构各有各的特点，下面分别讨论。

3.2.1 if 选择结构

if 选择结构是通过一条关系表达式的执行结果（True 或者 False）来决定执行的代码块。Python 语言指定任何非零和非空（null）表达式的值为 True，指定零或者空为 False。Python 编程中 if 语句的基本形式如下。

```
if 判断条件:
    执行语句
```

其中，"判断条件"成立时（非零），则执行后面的语句，执行语句可以是单个语句或语句块（多条语句组成）。

注意　判断条件后面的冒号必须要有。对于语句块，Python 利用缩进量是否一致来表示是否属于同一个语句块，其他程序语言通常使用大括号来表示同一个语句块。Python 对缩进的要求非常严格，同一个语句块中的每一条语句的缩进量必须保持一致，否则程序无法运行或出错。

下面通过例 3.1 和例 3.4 来理解 if 选择结构。

例 3.1　设置一个标志变量 flag，初始值为 False。输入一个字符串，并赋给变量 name，然后判断该变量的值是否为 "python"，如果是则将标志变量 flag 的值置为 True，并输出 "welcome boss" 信息。

```
flag=False
name=input("输入变量 name 的值")
if name=='python':              #判断变量为'python'
    flag=True                   #条件成立时设置标识为真
    print('welcome boss')       #输出欢迎信息
```

运行后结果如下所示。

```
>>>
输入变量 name 的值python
welcome boss
>>>
```

例 3.2　输入两个数，以从小到大的顺序输出这两个数。

```
a = input("输入变量 a 的值")
b = input("输入变量 b 的值")
if a>b:
    t=a
    a=b
    b=t
print(a,b)
```

运行后结果如下所示。

```
>>>
输入变量 a 的值22
输入变量 b 的值10
10 22
>>>
```

3.2.2　if/else 选择结构

对于 if 选择结构，如果条件为 True，程序会执行指定的动作，否则会跳过该动作。而对于 if/else 选择结构，可针对条件成立与否两种情况分别指定一项动作，其基本形式如下。

```
if 判断条件：
      执行语句
else：
      执行语句
```

与前面的 if 选择结构一样，只是这里多了 else 语句。它表示当条件不成立时执行后面的语句。前面的例子加上 else 语句后的程序如下。

```
flag=False
name=input("输入变量 name 的值")
if name=='python':                #判断变量为'python'
      flag=True                   #条件成立时设置标识为真
      print('welcome boss')       #输出欢迎信息
else:
      print(name)
```

运行后结果如下所示。

```
>>>
输入变量 name 的值 java
java
>>>
```

当判断条件为多个值时，可以用嵌套的 if/else 选择结构。它的做法是将一个 if/else 选择结构放入另一个 if/else 选择结构中。

例 3.3　若学生成绩大于或者等于 90 分，则打印 A；若在 80 分~90 分之间，则打印 B；若在 70 分~79 分之间，则打印 C；若在 60 分~69 分之间，则打印 D；若小于 60 分，则打印 E。

```
grade=int(input("输入成绩 grade"))    #将输入的字符串类型转换为整数类型
if grade>=90:
      print("A");
else:
      if grade>=80:
            print("B")
      else:
            if grade>=70:
                  print("C")
            else:
                  if grade>=60:
                        print("D")
                  else:
                        print("E")
```

运行后结果如下所示。

```
>>>
输入成绩 grade78
C
>>>
```

由于 grade=78 大于或等于 70，所以程序会进入第三层 if/else 结构的 if 语句中，则打印出 C。

注意

该程序有多层嵌套，编写程序的时候要小心，确保同一个语句块中的语句的缩进量保持一致。

对于嵌套的 if/else 结构，Python 程序员更喜欢使用 if/elif/else 选择结构。下面介绍 if/elif/else 选择结构。

3.2.3　if/elif/else 选择结构

if/elif/else 结构可以用嵌套的 if/else 结构来替换，两种形式等价，但 Python 程序员更喜欢前者，因为其避免了代码的过分向右缩进，同时可读性要更高，其形式如下。

```
if  判断条件1：
      执行语句1
elif  判断条件2：
      执行语句2
⋮
elif  判断条件n：
      执行语句n
else：
      执行语句n+1
```

上述判断学生成绩所属等级的嵌套 if/else 结构也可转换为 if/elif/else 结构的 Python 程序。

例 3.4　if/elif/else 结构的用法。

```python
grade=int(input("输入成绩 grade"))    #将输入的字符串类型转换为整数类型
if grade>=90:
      print("A");
elif grade>=80:
      print("B")
elif grade>=70:
      print("C")
elif grade>=60:
      print("D")
else:
      print("E")
```

由于 Python 不支持 switch 语句，所以多个条件判断只能用 if/elif/else 结构或嵌套 if/else 结构来实现。

例 3.5　编程求方程 $ax^2+bx+c=0$ 的根。

对于这个方程的根，有以下几种可能。

（1）a=0，是一个一次方程，根为-c/b(b≠0)。

（2）$b^2-4ac=0$，有两个相等实根。

（3）$b^2-4ac>0$，有两个不等实根。

（4）$b^2-4ac<0$，有两个共轭复根。

程序代码如下。

```python
import math
a=int(input("input a:"))
```

```
b=int(input("input b:"))
c=int(input("input c:"))

if(a==0):
    print("The equation has one root:",-c/float(b))
else:
    disc=b*b-4*a*c
    if(math.fabs(disc)<=1e-6):
        print("The equation has two equal roots:",-b/(2.0*a))
    else:
        if(disc>1e-6):
            x1=(-b+math.sqrt(disc))/(2.0*a)
            x2=(-b-math.sqrt(disc))/(2.0*a)
            print("The equation has two distinct real roots:",x1,x2)
        else:
            realpart=-b/(2.0*a)
            imagepart=math.sqrt(-disc)/(2.0*a)
            print("The equation has two complex roots:")
            print(realpart,"+",imagepart,"i")
            print(realpart,"-",imagepart,"i")
```

上述程序中用 disc 代表 b^2-4ac，先计算 disc，以减少以后的重复计算。对于判断 b^2-4ac 是否等于 0 时，要注意：由于 disc 有可能为实数，实数在计算和存储时会有一些微小误差导致无法直接判断 "disc==0"，故采用判别 disc 的绝对值 (math.fabs(disc)) 是否小于一个很小的数（这里设为 10^{-6}）这种方式。如果小于此数，就认为 disc 等于 0。为了增加程序的可读性，用变量 realpart 代表复数的实部，imagepart 代表复数的虚部。此外，当 a=0 时，要把 b 转成实数类型，否则运算后会得到不正确的结果。类似的，在本来除以 (2*a) 的表达式中都把 (2*a) 转换成 (2.0*a)，这样就可以得到准确的结果。下面是输入 4 组数据后依次得到的输出。

```
>>>
input a:0
input b:3
input c:5
The equation has one root: -1.6666666666666667
>>>
input a:1
input b:2
input c:1
The equation has two equal roots: -1.0
>>>
input a:3
input b:5
input c:7
The equation has two complex roots:
-0.8333333333333334 + 1.2801909579781012 i
-0.8333333333333334 - 1.2801909579781012 i
>>>
input a:2
input b:5
input c:3
The equation has two distinct real roots: -1.0 -1.5
```

最后要注意的是，如果需要同时判断多个条件时可以使用逻辑运算符 or、and 及其组合。

例 3.6　判断一个数是否在 0~5 或者 10~15 之间。

```
#使用 and 和 or
num=int(input("请输入一个数:"))
#判断值是否在 0~5 或者 10~15 之间
if (num>=0 and num<=5)or(num>=10 and num<=15):
        print(num, "is between 0 and 5 or between 10 and 15")
else:
        print(num, "is not between 0 and 5 or between 10 and 15")
```

3.3　循　环　结　构

循环结构是结构化程序设计的基本结构之一。Python 提供了两种类型的循环结构：while 循环和 for 循环。下面分别讨论这两种结构。

3.3.1　while 循环结构

while 语句用于循环执行某段程序，即当给定的判断条件成立时，循环执行某段程序，以处理需要重复执行的相同任务，其基本形式如下。

```
while 判断条件:
    执行语句
```

判断条件可以是任何条件表达式，任何非零或非空的值均为 True。当判断条件为 False 时，循环结束。下面通过例 3.7 和例 3.8 来掌握 while 循环。

例 3.7　求 $S_{100}=1+2+3+\cdots+100$。

```
sn=0
an=1
while(an<=100):
    sn=sn+an
    an=an+1
print("The total of the S is ",sn)
```

输出结果如下。

```
>>>
The total of the S is  5050
>>>
```

例 3.8　输入两个正整数 m 和 n，求其最大公约数和最小公倍数。

本题可以采用辗转相除法求最大公约数，而最小公倍数就等于两个数的乘积再除以最大公约数。辗转相除法算法：当 m≥n 时（若 m<n，交换 m、n 的值），m 对 n 求余为 r，若 r 不等于 0，则将 n 赋给 m、r 赋给 n，继续求余，直到 r 等于 0。此时，n 就为最大公约数。程序如下。

```
m=int(input("input num m(m>0)"))
while(m<=0):                           #若输入的 m<=0，则循环输入，直到 m>0
        m=int(input("input num m(m>0)"))
n=int(input("input num n(n>0)"))
while(n<=0):                           #若输入的 n<=0，则循环输入，直到 n>0
        n=int(input("input num n(n>0)"))
s=m*n                                  #s 用来保存 m、n 的乘积
if(m<n):                               #若 m<n，则交换 m、n 的值
```

```
        t=m
        m=n
        n=t

    while(n!=0):                          #循环判断 m/n 的余数是否为 0
        r=m%n
        m=n
        n=r

    gcd=m                                 #由于 n 赋给了 m，所以 m 就是最大公约数
    lcm=s/gcd                             #s/gcd 即为最小公倍数
    print("The GCD is ",gcd,"while the LCM is ",lcm)
```

输出结果如下。

```
>>>
input num m(m>0)6
input num n(n>0)8
The GCD is  2 while the LCM is  24.0
>>>
```

在循环结构中有两个重要的语句用来控制循环结构程序的执行。这两个语句分别是 continue 语句和 break 语句。continue 语句用于跳过该次循环，而 break 语句用于跳出循环。此外，"判断条件"可以是个常值，表示循环必定成立。这样就需要通过 break 语句使程序跳出循环。

例 3.9　了解 continue 和 break 的用法。

```
i=1
while i<=10:
  i=i+1
  if i%2==1:
      continue        #奇数时跳过输出
  print(i)            #输出偶数 2、4、6、8、10

i=1
while 1:              #循环条件为 1 必定成立
  print(i)            #输出 1~10
  i=i+1
  if i>10:
      break           #当 i 大于 10 时跳出循环
```

在 Python 中，while 语句也可以和 else 语句一起使用。其中，while 中的语句和普通的没有区别，else 中的语句会在循环正常执行完（即 while 不是通过 break 来跳出循环的）的情况下执行。

例 3.10　while 循环结构和 else 语句结合起来使用。

```
import math
n=int(input("输入一个大于等于 3 的正整数："))

i=2
while(i<=math.sqrt(n)):
    r=n%i
    if(r==0):
        print(n,"不是素数")
        break
    else:
```

```
            i=i+1
else:
    print(n,"是素数")
```

该程序无须设置标记变量，即标记某个数是否是素数，因为当循环体内余数 r 的值为零时，就说明该数不是素数，直接输出 n "不是素数"，然后跳出循环。注意，此时由于是通过 break 语句而不是循环正常执行完使得程序结束，所以不会执行 else 的子句。当余数 r 一直都不为零，直到条件 "i<=math.sqrt(n)" 不满足时，跳出循环。此时，循环正常执行完，然后执行 else 子句，输出 n "是素数"。

3.3.2　for 循环结构

通过上面的介绍，我们了解到 while 语句很灵活，其可以用在任何条件为真的情况下循环执行某段语句块。但如果需要遍历一个列表或集合中的元素，使用 while 语句就有些费事了，而使用 for 语句就可以轻而易举地解决这个问题。

for 循环可以遍历任何序列的数据对象，如一个列表或者一个字符串。for 循环的基本形式如下。

```
for 变量(v) in 序列 (q):
    语句(s)
```

其中，序列是指一系列元素的集合。循环第一次时，序列 q 中的第一项会指派给变量 v，并执行语句 (s)，以后每次循环时，都先将序列 q 中的下一项指派给变量 v，再执行语句(s)。当序列 q 中的每一项都执行了一次后，循环会终止。

例 3.11　for 循环结构的用法。

```
print("输出'Python'中的每个字母：")
for letter in 'Python':                      #序列为字符串"Python"
    print("当前字母：",letter)

print("输出 1~4 的每个数字：")
for counter in range(1,5):                   #序列为 1~5（不包括 5）的数字列表
    print("当前数字：",counter)

fruits=['banana','apple','mango']
print("常规方法遍历序列 banana","apple","mango:")
for fruit in fruits:                         #序列为有 3 个元素的列表
    print("当前水果：",fruit)

fruits=['banana','apple','mango']
print("通过索引的方式遍历序列 banana,apple,mango:")
for index in range(len(fruits)):             #序列为 0~3（不包括 3）的数字列表
    print("当前水果：",fruits[index])
```

输出的结果如下所示。

```
>>>
```

输出'Python'中的每个字母：

```
当前字母：P
当前字母：y
```

```
当前字母: t
当前字母: h
当前字母: o
当前字母: n
```

输出 1～4 的每个数字:

```
当前数字: 1
当前数字: 2
当前数字: 3
当前数字: 4
常规方法遍历序列 banana apple mango:
当前水果: banana
当前水果: apple
当前水果: mango
通过索引的方式遍历序列 banana,apple,mango:
当前水果: banana
当前水果: apple
当前水果: mango
>>>
```

在本例中使用了 Python 内置函数 len() 和 range(), 其中, 函数 len() 返回列表的长度, 即元素的个数, range 返回一个数字序列的列表, 比如, range(10) 返回 0～10(不包含 10) 的列表, range(5,10) 返回 5～10 (不包含 10) 的列表, range(5,10,2) 返回列表[5,7,9]等。

在 Python 中, for 循环结构和 while 结构一样, 也可以和 else 语句一起使用。

一个循环体又包含一个完整的循环结构, 称为循环的嵌套。内层的循环中还可以嵌套循环, 这就是多层嵌套。while 循环和 for 循环可以相互嵌套。下面通过两个例子来掌握循环嵌套的用法。

例 3.12 输出九九乘法表。

```
for i in range(1,10):           #i 的范围[1~9]
str=""                          #用来保存要输出的字符串
for j in range(1,i+1):          #j 的范围[1~i]
    #将每个乘法表达式拼接出来
    str=str+"%d * %d=%-2d "%(j,i,i*j)
print(str)
print()                         #输出一个换行符
```

输出结果如下所示。

```
>>>
1 * 1=1

1 * 2=2  2 * 2=4

1 * 3=3  2 * 3=6  3 * 3=9

1 * 4=4  2 * 4=8  3 * 4=12 4 * 4=16

1 * 5=5  2 * 5=10 3 * 5=15 4 * 5=20 5 * 5=25

1 * 6=6  2 * 6=12 3 * 6=18 4 * 6=24 5 * 6=30 6 * 6=36
```

```
1 * 7=7   2 * 7=14 3 * 7=21 4 * 7=28 5 * 7=35 6 * 7=42 7 * 7=49

1 * 8=8   2 * 8=16 3 * 8=24 4 * 8=32 5 * 8=40 6 * 8=48 7 * 8=56 8 * 8=64

1 * 9=9   2 * 9=18 3 * 9=27 4 * 9=36 5 * 9=45 6 * 9=54 7 * 9=63 8 * 9=72 9 * 9=81
>>>
```

最后我们再看一个 while 语句和 for 语句嵌套使用的例子。

例 3.13　输出数字金字塔。

```
for x in range(1,10):
    print(' '*(15-x),end='')        #输出每行前面的空格，以便对齐
    n=x
    while n>=1:                      #输出前半部分数据
            print(n,sep='',end='')
            n-=1
    n+=2
    while n<=x:
            print(n,sep='',end='')
            n+=1
    print()
```

输出结果如下所示。

```
>>>
                1
              212
            32123
          4321234
        543212345
      65432123456
    7654321234567
  876543212345678
98765432123456789
>>>
```

小　结

本章主要讲解了以下几个知识点。

（1）选择结构。分别讲解了 if、if/else、if/elif/else 这 3 种选择结构。

（2）循环结构。分别讲解了 while、for 这两种循环结构，同时还介绍了 continue 和 break 语句。

习　题

一、看程序写结果

1.

```
for x in range(1,100):
    if x%9:
```

```
                continue
        if x>50:
            break;
        print (x)
```

2.

```
k=4
n=0
while n<k:
    n=n+1
    if  n%2==0
        continue
    k=k-1
print(k,n)
```

3.

```
x=1
y=0
if not x:
    y+=1
elif x==0:
    if  x:
      y+=2
    else:
      y+=3
print(y)
```

4.

```
n=5
sum=0
for i in range(1,n+1):
    an=0
    for j in range(1,i+1):
        an=an+float(j)/(i+1)
    sum=sum+an
print(sum)
```

二、上机练习

1. 编写一个程序，求出 1～100 的素数。

2. 编写一个程序，求出 10 的阶乘。

3. 编写程序输出 $S_n=a+aa+aaa+\cdots+aa\cdots a$（n 个 a）的值，其中，a 是一个数字，n 表示 a 的位数，例如 a=3，n=4 时，$S_n=3+33+333+3333$。a、n 由键盘输入。

第4章
序列

本章要点

- ■ 掌握字符串的创建、访问、操作和常用内置函数。
- ■ 掌握列表的创建、访问、操作和常用内置函数。
- ■ 掌握元组的创建、访问、操作和常用内置函数。

在第 2 章中已经介绍了 Python 的整型、浮点型、布尔类型。本章将介绍序列类型，它们的成员都是有序排列的，并且可以通过下标偏移量访问到它们的一个或者多个成员。这种序列类型包括字符串、列表和元组类型。下面针对每种序列类型展开介绍。

4.1 字 符 串

字符串是一种有序的字符集合，用于表示文本数据。字符串中的字符可以是 ASCII 字符、各种符号以及各种 Unicode 字符。严格意义上，字符串属于不可变序列，意味着不能直接修改字符串。字符串中的字符按照从左到右的顺序，支持索引、分片等操作。

4.1.1 字符串的表示和创建

Python 字符串常量可用下列多种方法表示。

（1）单引号：'a'、'123'、'abc'。

（2）双引号："a"、"123"、"abc"。

（3）3 个单引号或 3 个双引号："' Python code' "及"" "Python string" ""。三引号字符串可以包含多行字符。

（4）带 r 或 R 前缀的 Raw 字符串：r'abc\n123'、R'abc\n123'。

字符串都是 str 类型的对象，可用内置的 str 函数来创建 str 字符串对象。

例 4.1　字符串创建。

```
>>> x=str(123)      #用数字创建字符串对象
>>> x
'123'
>>> type(x)         #测试字符串对象类型
<class 'str'>
>>> x=str(r'abc12')      #用字符串常量创建字符串对象
```

```
>>> x
'abc12'
```

下面分别介绍这几种表示方法。

1. 单引号与双引号

在表示字符串常量时，单引号和双引号没有区别。在单引号字符串中可嵌入双引号，在双引号字符串中可嵌入单引号。

例 4.2   单引号和双引号表示。

```
>>> '123"abc'
'123"abc'
>>> "123'abc"
"123'abc"
>>> print('123"abc',"123'abc")
123"abc 123'abc
```

在交互模式下，直接显示字符串时，默认用单引号表示。如果字符串中有单引号，则用双引号表示。注意：字符串打印时，不会显示表示字符串的单引号和双引号。

2. 三引号

三引号通常用于表示多行字符串（也称块字符）。

例 4.3   三引号表示。

```
>>> x="""This is
    a Python
    multiline string."""
>>> x
'This is\n    a Python\n    multiline string.'
>>> print(x)
This is
    a Python
    multiline string.
```

从上例子可以看出，在交互模式下直接显示时，字符串中的各种控制字符以转义字符显示，与打印格式有所区别。

三引号的另一种作用是作为文档注释，被三引号包含的代码块作为注释，在执行时被忽略。

例 4.4   作为文档注释的三引号表示。

```
"""这是三引号字符串注释
if x>0:
    print(x,'是正数')
else:
    print(x,'不是正数')
注释结束"""
x='123'
print(type(x))
```

程序运行结果如下。

```
>>>
<class 'str'>
```

可以看出，程序三引号注释的部分都没有显示出来。

3. Raw 字符串

对于一些不能直接输入的各种特殊字符通常用转义字符表示，例如转义字符\\表示反斜线、\'

表示单引号、\"表示双引号。在 Raw 字符串中，Python 不会解析其中的转义字符。Raw 字符串的典型应用是表示系统中的文件路径。例如：

```
mf=open('d:\temp\newpy.py', 'r')
```

open 语句试图打开"D:\temp"目录中的"newpy.py"文件，Python 会将文件名字符串中的"\"和后面的字母"t"及"n"组合在一起作为"\t"和"\n"处理，从而导致执行错误。为避免这种情况，可将文件名字符串中的反斜线表示为转义字符。例如：

```
mf=open('d:\\temp\\newpy.py', 'r')
```

更简单的办法是用 Raw 字符串来表示文件名字符串。例如：

```
mf=open(r'd:\temp\newpy.py', 'r')
```

当然还有另一种替代办法是将文件名字符串中的反斜线用正斜线表示。例如：

```
mf=open('d:/temp/newpy.py', 'r')
```

4.1.2　字符串基本操作

字符串基本操作包括求字符串长度、包含性判断、连接、迭代、索引和分片以及转换等。

1. 求字符串长度

字符串长度指字符串中包含的字符个数，可用 len 函数获得字符串长度。

例 4.5　使用 len() 求字符串长度。

```
>>> len('abcdef')
6
>>> len('我爱 Python!')
9
```

2. 包含性判断

字符串为字符的有序集合，所以可用 in 操作符判断字符串包含关系。

例 4.6　用 in 判断字符串的包含关系。

```
    >>> x='abcdef'
>>> 'a' in x
True
>>> 'cde' in x
True
>>> '12' in x
False
```

3. 字符串连接

字符串连接是把多个字符串按顺序合并成一个新的字符串。

例 4.7　连接多个字符串并排序。

```
>>> '12''34''56'        #连续多个字符串在一起可自动合并
'123456'
>>> '12' '34' '56'      #空格分隔的多个字符串可自动合并
'123456'
>>> '12'+'34'+'56'      #用加法运算将多个字符串合并
'123456'
>>> '12'*3              #用乘法运算创建重复的字符串
'121212'
```

在使用逗号分隔字符串时,会创建字符串组成的元组。

例 4.8 用逗号创建元组。

```
>>> x='abc','def'
>>> x
('abc', 'def')
>>> type(x)
<class 'tuple'>
```

4. 字符串迭代

可用 for 循环迭代处理字符串。

例 4.9 使用 for 循环打印字符串。

```
>>> for a in 'abc':print(a)      #变量 a 依次表示字符串中的每个字符

a
b
c
```

5. 字符串索引和分片

字符串作为一个有序的集合,其中的每个字符可通过偏移量进行索引或分片。字符串中字符按从左到右的顺序,其偏移量依次为 0,1,2,…,len-1(最后一个字符偏移量为长度减 1);按从右到左的顺序,偏移量取负值,依次为-len,…,-2,-1。

例 4.10 索引通过偏移量来获得字符串中的单个字符。

```
>>> x='abcdef'
>>> x[0]       #索引第 1 个字符
'a'
>>> x[-1]      #索引最后 1 个字符
'f'
>>> x[3]       #索引第 4 个字符
'd'
```

索引可获得指定位置的单个字符,但不能通过索引来修改字符串,因为字符串对象不允许被修改。

例 4.11 用索引修改字符串。

```
>>> x='abcd'
>>> x[0]='1'    #试图修改字符串中的指定字符, 出错
Traceback (most recent call last):
  File "<pyshell#8>", line 1, in <module>
    x[0]='1'    #试图修改字符串中的指定字符, 出错
TypeError: 'str' object does not support item assignment
```

字符串分片操作是利用范围从字符串中获得连续的多个字符(即子字符串)。分片的基本格式如下。

```
x[start:end]。
```

它表示返回变量 x 引用的字符串中从偏移量 start 开始,到偏移量 end 之前(不包含偏移量 end 对应的字符)的子字符串。start 和 end 参数均可省略,start 默认为 0,end 默认为字符串长度。

例 4.12 字符串分片操作。

```
>>> x='abcdef'
>>> x[1:4]      #返回偏移量为 1 到 3 的字符
```

```
'bcd'
>>> x[1:]          #返回偏移量为 1 到末尾的字符
'bcdef'
>>> x[:4]          #返回字符串开头到偏移量为 3 的字符
'abcd'
>>> x[:-1]         #除最后一个字符,其他字符全部返回
'abcde'
>>> x[:]           #返回全部字符
'abcdef'
```

默认情况下,分片是返回字符串中的连续多个字符,但也可以增加一个步长参数来跳过中间的字符。

例 4.13　增长步长参数来分片。

```
>>> x='0123456789'
>>> x[1:7:2]       #返回偏移量为 1、3、5 的字符
'135'
>>> x[::2]         #返回偏移量为偶数的全部字符
'02468'
>>> x[7:1:-2]      #返回偏移量为 7、5、3 的字符
'753'
>>> x[::-1]        #将字符串反序返回
'9876543210'
```

可以看到,步长为负数时,返回的字符与原来的顺序相反。

6. 字符串转换

可用 str 函数将数字转换为字符串。

例 4.14　将数字转换为字符串。

```
>>> str(123)       #将整数转换为字符串
'123'
>>> str(1.23)      #将浮点数转换为字符串
'1.23'
>>> str(2+4j)      #将复数转换为字符串
'(2+4j)'
```

4.1.3　字符串方法

字符串作为 str 类型对象,Python 提供了一系列方法用于字符串处理。下面针对常用的方法举几个例子如下。

1. count(sub[,start[,end]])

返回子字符串 sub 在原字符串中的[start,end]范围内出现的次数,省略范围时查找整个字符串。

例 4.15　统计子字符串出现的次数。

```
>>> 'abcabcabc'.count('ab') #在整个字符串中统计 ab 出现的次数
3
>>> 'abcabcabc'.count('ab',2) #从第 3 个字符开始到字符串末尾统计 ab 出现的次数
2
```

2. endswith(sub[,start[,end]])

判断[start,end]范围内的子字符串是否以 sub 字符串结尾。

例 4.16 判断子字符串是否结尾。

```
>>> 'abcabcabc'.endswith('bc')
True
>>> 'abcabcabc'.endswith('b')
False
>>>
```

3. startswith(sub[,start[,end]])

和上面方法一样，用来判断[start,end]范围内的子字符串是否以 sub 字符串开头。

4. find(sub[,start[,end]])

在[start,end]范围内查找子字符串 sub，返回第一次出现位置的偏移量。没有找到时返回-1。

例 4.17 在一定范围内查找子字符串。

```
>>> x='abcdabcd'
>>> x.find('ab')
0
>>> x.find('ab',2)          #从第 3 个字符开始查找子字符串 ab
4
>>> x.find('ba')
-1
```

5. index(sub[,start[,end]])

与 find() 方法相同，只是在未找到子字符串时产生 ValueError 异常。此外，rfind(sub[,start[,end]]) 和 rindex(sub[,start[,end]]) 都是返回最后一次出现位置的偏移量。

6. format(args)

字符串的格式化是将字符串中用{}定义的替换域依次用参数 args 替换。

例 4.18 格式化字符串。

```
>>> 'My name is {0},age is {1}'.format('Tome',23)
'My name is Tome,age is 23'
```

字符串除了用 format() 方法进行格式化外，还可以使用格式化表达式来处理字符串。字符串格式化表达式用%表示。这时，%之前为需要进行格式化的字符串，%之后为需要填入字符串中的实际参数。例如：

```
>>> "The %s's price id %4.2f"%('apple',2.5)
"The apple's price id 2.50"
```

在字符串"The %s's price id %4.2f"中，%s 和%4.2f 是格式控制符。参数表 ('apple',2.5) 中的参数依次填入各个格式控制符。使用时，格式控制符的基本结构如下。

```
%[name][flags][width[.precision]]格式控制符
```

其中，name 为字典对象的键；flags 为正负号+/-、左对齐-或 0（补零标志）；width 指定数字的宽度；precision 指定数字的小数位数。

（1）格式控制符 s 与 r

```
>>> '%s%s%s'%(123,1.23,'abc')   #用 s 格式化整数、浮点数和字符串
'1231.23abc'
>>> '%r%r%r'%(123,1.23,'abc')   #用 r 格式化整数、浮点数和字符串，注意区别
"1231.23'abc'"
```

可以看出，r 得到的目标字符中会包含表示字符串的单引号。

（2）转换单个字符

格式控制符 c 用于转换单个的字符，参数可以是包含单个字符的字符串或字符的 ASCII 码。

```
>>> '123%c%c'%('a',65)
'123aA'
```

（3）整数的左对齐与宽度

在用 width 指定数字宽度时，若数字位数小于指定宽度时，默认在左侧填充空格。可以用 0 表示填充字符 0 而不是空格。若使用了左对齐标志，则数字靠左对齐，并在其后填充空格保证宽度。例如：

```
>>> '%d%d'%(123,1.56)      #未指定宽度时，数字原样转换，%d 会将浮点数转换为整数
'1231'
>>> '%d %d'%(123,1.56)     #未指定宽度时，数字原样转换，%d 会将浮点数转换为整数
'123 1'
>>> '%6d'% 123            #指定宽度时，默认填充空格
'   123'
>>> '%-6d'% 123           #指定宽度，同时左对齐
'123   '
>>> '%06d'% 123           #指定宽度并填充 0
'000123'
```

（4）转换浮点数

在转换浮点数时，%e、%f 和%g 略有不同。例如：

```
>>> x=12.3456789
>>> '%e %f %g'%(x,x,x)
'1.234568e+01 12.345679 12.3457'
>>> x=1.234e10
>>> '%E %F %G'%(x,x,x)     #注意%e、%g 和%E、%G 的大小写区别
'1.234000E+10 12340000000.000000 1.234E+10'
```

可以为浮点数指定左对齐、补零、正负号、宽度和小数位数等。例如：

```
>>> x=12.3456789
>>> '%8.2f%-8.2f%+8.2f%08.2f'%(x,x,x,x)
'   12.3512.35    +12.3500012.35'
```

7. strip([chars])

使用该函数时，未指定参数 chars 删除字符串首尾的空格、回车符以及换行符，否则删除字符串首尾包含在 chars 中的字符。

例 4.19 删除字符串的某字符。

```
>>> '\n\r  abc \r\n'.strip()   #删除空格、回车符及换行符
'abc'
>>> 'www.xhu.edu.cn'.strip('wcn')   #删除指定字符
'.xhu.edu.'
```

8. replace(old,new[,count])

从字符串开头，依次将包含的 old 字符串替换为 new 字符串，省略 count 时替换全部 old 字符串。指定 count 时，替换次数不能大于 count。

例 4.20 替换字符串。

```
>>> x='ab12'*4
>>> x
```

```
'ab12ab12ab12ab12'
>>> x.replace('12','000')
'ab000ab000ab000ab000'
>>> x.replace('12','00',2)     #替换 2 次
'ab00ab00ab12ab12'
```

9. split([sep],[maxsplit])

将字符串按照 sep 指定的分隔字符串分解，返回分解后的列表。Sep 省略时，以空格作为分隔符。maxsplit 指定分解次数。

例 4.21 分解字符串。

```
>>> 'ab cd ef'.split()         #按默认的空格分解
['ab', 'cd', 'ef']
>>> 'ab,cd,ef'.split(',')       #按指定字符分解
['ab', 'cd', 'ef']
>>> 'ab,cd,ef'.split(',',1)     #指定分解次数
['ab', 'cd,ef']
```

当然，字符串还有其他一些方法，在这里就不赘述了。

4.2 列　　表

在 Python 中，列表常量用方括号表示，例如[1,2,'abc']。列表对象是一种有序序列，其主要特点如下。

（1）列表可以包含任意类型的对象，包括数字、字符串、列表、元组或其他对象。

（2）列表是一个有序序列。与字符串类似，列表中的每一项按照从左到右的顺序，可通过位置偏移量进行索引和分片。

（3）列表是可变的。首先列表长度可变，即可添加或删除列表成员。其次，列表中的对象可直接修改。

（4）列表存储的是对象的引用，类似于 C/C++的指针数组，每个列表成员存储的是对象的引用而不是对象本身。

4.2.1　列表基本操作

列表基本操作包括创建列表、求长度、合并、重复、迭代、关系判断、索引、分片和矩阵等。

1. 创建列表

列表对象可以用列表常量或 list() 函数来创建。

例 4.22 创建列表。

```
>>> []         #创建一个空的列表对象
[]
>>> list()     #创建一个空的列表对象
[]
>>> [1,2,3]    #用同类型数据创建列表对象
[1, 2, 3]
>>> [1,2,('a','abc'),[12,34]]     #用不同类型数据创建列表对象
[1, 2, ('a', 'abc'), [12, 34]]
```

```
>>> list('abcd')          #用可迭代对象创建列表对象
['a', 'b', 'c', 'd']
>>> list((1,2,3))         #用元组创建列表对象
[1, 2, 3]
```

2. 求长度

Python 用 len() 函数获得列表长度。例如：

```
>>> len([])
0
>>> len([1,2,('a','abc'),[12,34]])
4
```

3. 列表合并

加法运算可用于列表的合并。例如：

```
>>> [1,2]+['abc',20]
[1, 2, 'abc', 20]
```

4. 重复

乘法运算用于创建具有重复值的列表。例如：

```
>>> [1,2]*3
[1, 2, 1, 2, 1, 2]
```

5. 迭代

迭代操作可用于遍历列表中的对象。例如：

```
>>> x=[1,2,('a','abc'),[12,34]]
>>> for a in x:print(a)

1
2
('a', 'abc')
[12, 34]
```

6. 关系判断

可用 in 操作符判断对象是否属于列表。例如：

```
>>> 2 in [1,2,3]
True
>>> 'a' in [1,2,3]
False
```

7. 索引和分片

列表与字符串类似，可通过对象在列表中的位置来索引，也可以通过索引进行列表对象的修改。另外，还可以通过分片来获得列表中的部分对象，可通过分片将多个对象替换成新的对象。

例 4.23　列表的索引和分片。

```
>>> x=[1,2,['a','b']]
>>> x[0]        #输出第 1 个列表对象
1
>>> x[2]        #输出第 3 个列表对象
['a', 'b']
>>> x[-1]       #用负数从列表末尾开始索引
['a', 'b']
```

```
>>> x[2]=100    #修改第 3 个列表对象
>>> x
[1, 2, 100]
>>> x+list(range(10))    #添加用连续整数创建的列表对象
[1, 2, 100, 0, 1, 2, 3, 4, 5, 6, 7, 8, 9]
>>> x[2:5]       #返回分片列表
[100]
>>> x=x+list(range(10))      #添加用连续整数创建的列表对象
>>> x[2:5]       #返回分片列表
[100, 0, 1]
>>> x[2:]        #省略分片结束位置时，分片直到列表结束
[100, 0, 1, 2, 3, 4, 5, 6, 7, 8, 9]
>>> x[:5]        #省略分片开始位置时，分片从第一个对象开始
[1, 2, 100, 0, 1]
>>> x[2:7:2]     #指定分片时偏移量步长
[100, 1, 3]
>>> x[7:2:-2]      #步长为负数时，按相反顺序获得对象
[4, 2, 0]
>>> x[2:5]='abc'   #通过分片替换对象
>>> x
[1, 2, 'a', 'b', 'c', 2, 3, 4, 5, 6, 7, 8, 9]
```

8. 矩阵

列表中的对象可以是任意类型，所以可以通过嵌套列表来表示矩阵。例如：

```
>>> x=[[1,2,3],[4,5,6],[7,8,9]]
>>> x[0]       #用一个位置信息索引嵌套的子列表
[1, 2, 3]
>>> x[0][0]        #用两个位置信息索引子列表包含的对象
1
```

4.2.2 列表的访问、排序和反转

Python 为列表对象提供了一系列处理方法，用来进行列表的访问、排序和反转，其中，列表的访问包括列表的添加、删除等，包括以下一些方法。

1. 添加单个对象

append () 方法可在列表末尾添加一个对象。例如：

```
>>> x=[1,2]
>>> x.append('abc')
>>> x
[1, 2, 'abc']
```

2. 添加多个对象

extend() 方法用于在列表末尾添加多个对象，参数为可迭代对象。例如：

```
>>> x=[1,2]
>>> x.extend(['a','b'])   #用列表对象作参数
>>> x
[1, 2, 'a', 'b']
>>> x.append('abc')       #用字符串作参数时,字符串作为一个对象
>>> x
[1, 2, 'a', 'b', 'abc']
```

3. 在指定位置插入对象

insert() 方法用于在指定位置插入对象。例如：

```
>>> x=[1,2,3]
>>> x.insert(1,'abc')
>>> x
[1, 'abc', 2, 3]
```

程序在指定位置 1 处添加了'abc'。

4. 按值删除对象

remove() 方法用于删除列表中的指定值。如果有重复值，则删除第一个。例如：

```
>>> x=[1,2,2,3]
>>> x.remove(2)
>>> x
[1, 2, 3]
```

5. 按位置删除

pop() 方法可删除指定位置的对象，省略位置时删除列表最后一个对象，同时返回删除对象。例如：

```
>>> x=[1,2,3,4]
>>> x.pop()        #删除并返回最后一个对象
4
>>> x
[1, 2, 3]
>>> x.pop(1)       #删除并返回偏移量为1的对象
2
>>> x
[1, 3]
```

6. 用 del 语句删除

可用 del 语句删除列表中的指定对象或分片。例如：

```
>>> x=[1,2,3,4,5,6]
>>> del x[0]       #删除第一个对象
>>> x
[2, 3, 4, 5, 6]
>>> del x[2:4]     #删除偏移量为 2、3 的对象
>>> x
[2, 3, 6]
```

另外，Python 还提供了列表排序、反转的方法。sort() 方法用于列表对象的排序。若列表对象全部是数字，则按数字从小到大排序；若列表对象全部是字符串，则按字典顺序排序；若列表包含多种类型，则会出错。

例 4.24　列表排序。

```
>>> x=[10,2,30,5]
>>> x.sort()          #对数字列表排序
>>> x
[2, 5, 10, 30]
>>> x=['bbc','abc','abc','BBC','Abc']
>>> x.sort()          #对字符串列表排序
>>> x
```

```
['Abc', 'BBC', 'abc', 'abc', 'bbc']
>>> x=[1,5,3,'bbc','abc','BBC']
>>> x.sort()        #对混合类型列表排序时出错
Traceback (most recent call last):
  File "<pyshell#35>", line 1, in <module>
    x.sort()        #对混合类型列表排序时出错
TypeError: unorderable types: str() < int()
```

另外，还可以用 reverse() 方法将列表中对象的位置反转。例如：

```
>>> x=[1,2,3]
>>> x.reverse()
>>> x
[3, 2, 1]
```

4.3　元　　组

在 Python 中，元组可以看作是不可变的列表，其具有列表的大多数特点。元组常量用圆括号表示，例如：(1,2)('a','b','abc') 都是元组。

元组的主要特点体现在以下几个方面。

（1）元组可以包含任意类型的对象。

（2）元组是有序的。元组中的对象可以通过位置进行索引和分片。

（3）元组的大小不能改变，既不能为元组添加对象，也不能删除元组中的对象。

（4）元组中的对象也不能改变。

（5）与列表类似，元组中存储的是对象的引用，不是对象本身。

4.3.1　元组的创建

可以用元组常量或 tuple() 方法来创建元组。

例 4.25　创建元组。

```
>>> ()          #创建空元组对象
()
>>> tuple()    #创建空的元组对象
()
>>> (2,)        #包含一个对象的元组，这里逗号不能少
(2,)
>>> (1,2.5,'abc',[1,2])    #包含不同类型对象的元组
(1, 2.5, 'abc', [1, 2])
>>> 1,2.5,'abc',[1,2]      #元组常量可以省略括号
(1, 2.5, 'abc', [1, 2])
>>> (1,2,('a','b'))        #元组中可以嵌套元组
(1, 2, ('a', 'b'))
>>> tuple('abcd')          #用字符串创建元组
('a', 'b', 'c', 'd')
>>> tuple([1,2,3])         #用列表创建元组
(1, 2, 3)
>>> tuple(x*2 for x in range(5))    #用解析结构创建元组
(0, 2, 4, 6, 8)
```

4.3.2 元组的访问

1. 迭代遍历
可以用迭代遍历元组中的各个对象。例如：

```
>>> for x in (1,2.5,'abc',[1,2]):print(x)

1
2.5
abc
[1, 2]
```

2. 索引和分片访问
索引和分片是通过位置对元组对象进行访问，两者的操作方法和列表类似。例如：

```
>>> x=tuple(range(10))
>>> x
(0, 1, 2, 3, 4, 5, 6, 7, 8, 9)
>>> x[1]
1
>>> x[-1]          #从右侧开始遍历
9
>>> x[2:5]
(2, 3, 4)
>>> x[2:]
(2, 3, 4, 5, 6, 7, 8, 9)
>>> x[:5]
(0, 1, 2, 3, 4)
>>> x[1:7:2]
(1, 3, 5)
>>> x[7:1:-2]
(7, 5, 3)
```

3. index(value,[start,[end]])方法
index() 方法用于在元组中查找指定值，未用 start 和 end 指定范围时，返回指定值在元组中第一次出现的位置；指定范围时，返回在指定范围内第一次出现的位置。例如：

```
>>> x=(1,2,3)*3        #乘法运算合并多个重复的元组
>>> x
(1, 2, 3, 1, 2, 3, 1, 2, 3)
>>> x.index(2)         #默认查找全部元组
1
>>> x.index(2,2)       #从偏移量 2 到元组末尾查找
4
>>> x.index(2,2,7)     #在范围[2:7]内查找
4
>>> x.index(5)         #如果元组不包含指定的值，则出错
Traceback (most recent call last):
  File "<pyshell#66>", line 1, in <module>
    x.index(5)         #如果元组不包含指定的值，则出错
ValueError: tuple.index(x): x not in tuple
```

4.3.3 元组的其他基本操作和方法

1. 求长度
len() 函数可用于求元组长度。例如：

```
>>> len((1,2,3,4))
4
```

2. 元组合并

加法运算可用于合并多个元组。例如：

```
>>> (1,2)+('ab','cd')+(2.45,)
(1, 2, 'ab', 'cd', 2.45)
```

3. 重复

乘法运算用于合并多个重复的元组。例如：

```
>>> (1,2)*3
(1, 2, 1, 2, 1, 2)
```

4. 关系判断

in 操作符用于判断对象是否属于元组。例如：

```
>>> 2 in (1,2)
True
>>> 5 in (1,2)
False
```

5. 矩阵

与列表类似，可以通过嵌套的方式用元组来表示不可变的矩阵。例如：

```
>>> x=((1,2,3),(4,5,6),(7,8,9))     #嵌套三个子元组
>>> len(x)                          #元组长度为3，子元组作为一个对象
3
>>> x[0]          #用一个位置信息索引子元组
(1, 2, 3)
>>> x[0][1]          #用两个位置信息索引子元组包含的对象
2
```

6. count()方法

count() 方法用于返回指定值在元组出现的次数。例如：

```
>>> x=(1,2)*3
>>> x
(1, 2, 1, 2, 1, 2)
>>> x.count(1)     #返回1在元组中出现的次数
3
>>> x.count(3)     #元组不包含指定值时，返回0
0
```

小　　结

　　本章介绍了序列类型，包括字符串、列表和元组类型。它们都有着相同的访问模式：通过指定一个下标位移量的方式可以访问到序列中的任何一个元素；通过切片的方式一次可以得到多个元素。本章主要讲解了以下几个知识点。

　　（1）字符串。字符串是一种不可变序列类型，可以通过在引号间包含字符的方式或者通过内建函数 str() 的方式创建字符串。

　　（2）列表。与字符串不同，列表是一种可变序列类型，可以通过使用方括号，并把方括号里

的每一个元素采用逗号进行分隔或者使用内建函数 list() 来创建列表。因为列表是可变序列类型，所以，可以改变列表的内容。改变列表的方式包括添加、修改和删除元素。

（3）元组。元组和列表类似，都是序列类型，它们的元素都是用逗号分隔。元素类型可以是任意类型。区别在于：从形式上看，列表是用方括号把元素括起来，而元组是用圆括号把元素括起来。从功能上看，列表是可变序列类型，而元组是不可变序列类型。可以通过使用圆括号并把圆括号里的每一个元素采用逗号进行分隔或者使用内建函数 tuple() 来实现。

习　　题

一、看程序写结果

1.

```
str='Python is cool!'
strjoin=''
for x in str:
    if x=='':
        strjoin+='\n'
        continue
    strjoin+=x
print(strjoin)
```

2.

```
list=[]
i=0
for x in range(1,10):
    if x%2==1:
        list.append(x)
    else:
        list.insert(i,x)
        i+=1
print(list)
```

3.

```
tuple=(1,2,3,4,5,6,7,8,9)
i=1
for x in range(1,9):
    if(i<0):
        x*=-1
        expr=tuple[x:i]
    else:
        expr=tuple[i:x]
        i*=-1
    print(expr)
```

二、上机练习

1. 编写一个程序输入一个字符串，分别输出按 ASCII 码顺序从小到大排好序的字符串、翻转的字符串。

2. 将一个列表（其元素都是整数）中的元素先翻转，输出此时的列表，然后再将元素从小到大的顺序排序，最后输出排好序的列表，要求：不能使用 list.reverse() 和 list.sort() 这两个内建函数。

3. 用元组定义一个 4*4 的整型矩阵，编写程序输出这个矩阵的所有鞍点，即该位置上的元素在该行上最大、该列上最小的点。没有鞍点则输出"There is no saddle point"。

第5章
映射和集合类型

本章要点

- 掌握字典的创建、访问、更新。
- 熟悉字典的常用内置函数。
- 掌握集合的创建、访问、更新。
- 熟悉集合的常用内置函数。

在前面的章节中已经介绍了整型、浮点型、字符型、列表等数据类型。本章将介绍另外两种数据类型：映射（字典）和集合类型。

5.1 映射类型——字典

字典是 Python 语言中唯一的映射类型，是一种无序的映射的集合。这种映射类型由键（key）和值（value）组成，统称为"键值对"，其中，一个键只能对应一个值，多个键可以对应相同的值。字典对象是可变的数据类型，其长度可变，可以存储、添加和删除任意个键值对，可以通过索引来修改键映射的值。字典可以任意嵌套，即键映射的值可以是一个字典。字典中的值没有特定顺序，每个值都对应一个唯一的键。字典也被称为关联数组或哈希表（是根据关键码值而直接进行访问的数据结构）。字典类型和序列类型的区别在于其存储和访问数据的方式不同。字典存储的是对象的引用，而不是对象本身。序列类型只用整型作为其索引，或者说只用整型作为其键。映射类型则可以用其他对象类型作为键，且这个键和其指向的值有一定的关联性，而序列类型没有。

字典的键必须是可哈希的对象，如字符串、整型、元组（元素不包含可变数据类型）都是可哈希的对象，都可以作为字典的键，而列表、字典是不可哈希的对象，所以不能用作字典的键。可以简单地把直接或间接不包含可变数据类型的对象看作可哈希的对象，一般通过 hash() 函数来判断某个对象是否是可哈希的对象。

5.1.1 创建字典

字典由一系列的"键值对"组成，可以通过使用花括号，并把花括号里的每一个键值对采用逗号进行分隔，键值对中间用冒号隔开的方式来创建一个字典。

创建字典的一般格式如下。

```
dictionary_name={key1:value,key2:value2,…,keyN:valueN}
```

其中，key1, key2, …, keyN 等表示字典的键，value1, value2,…, valueN 表示字典的键对应的值。此外，还可以通过内建函数 dict() 方法和 fromkeys() 方法创建一个字典。dict() 函数可以接收以 (key,value) 形式的列表或元组。使用 fromkeys() 函数可以创建一个"默认"字典，字典中键对应的值都相同，如果没有指定值，默认为 None。

例 5.1　创建字典。

```
#1.通过普通方式创建字典
>>> dict0={}                            #创建空字典
>>> dict0
{}
>>> dict0['name']='John'                #通过赋值添加"键：值"对
>>> dict0['age']=25
>>> dict0
{'age': 25, 'name': 'John'}
>>> dict1={1:"a",2:"b",3:"c"}           #字典的键为数字，值为字符串
>>> dict2={"1":"a","2":"b","3":"c"}     #字典的键为字符串，值也为字符串
>>> dict1
{1: 'a', 2: 'b', 3: 'c'}
>>> dict2
{'1': 'a', '3': 'c', '2': 'b'}
>>> {'book':{'Python 编程':100,'C++入门':99}}    #使用嵌套的字典
{'book': {'C++入门': 99, 'Python 编程': 100}}
>>> {(1,3,5):10,(2,4,6):50}             #用元组作为键
{(1, 3, 5): 10, (2, 4, 6): 50}
#2.通过内建函数 dict()来创建字典
>>> dict()    #创建空字典
{}
>>> dict3=dict([(1,"a"),(2,"b"),(3,"c")])    #以(key,value)形式的列表
>>> dict4=dict(((1,"a"),(2,"b"),(3,"c")))    #以(key,value)形式的元组
>>> dict3
{1: 'a', 2: 'b', 3: 'c'}
>>> dict4
{1: 'a', 2: 'b', 3: 'c'}
>>> dict(name='John',age=25)            #使用赋值格式的键值对创建字典
{'age': 25, 'name': 'John'}
>>> dict([('name','John'),('age',25)])  #使用包含键元组和值元组的列表创建字典
{'age': 25, 'name': 'John'}

#3.通过内建函数 fromkeys()来创建字典
>>> dict5={}.fromkeys((1,2,3),"person")    #指定 value 值为"person"
>>> dict6={}.fromkeys((1,2,3))             #不指定 value 值
>>> dict5
{1: 'person', 2: 'person', 3: 'person'}
>>> dict6
{1: None, 2: None, 3: None}
>>> dict.fromkeys(['name','age'])          #创建无映射值的字典，默认值为 None
{'age': None, 'name': None}
>>> dict.fromkeys('abc',10)                #使用字符串和映射值创建字典
{'a': 10, 'c': 10, 'b': 10}
```

5.1.2 访问字典

访问字典中，键值对的值可以通过方括号并指定相应的键的形式访问。需要注意的是：当指定一个字典中不存在的键时就会抛 KeyError 异常。遍历一个字典可以有以下几种方式。

（1）通过指定键的方式遍历字典。在 Python2.2 以后，可以直接遍历字典这个迭代器对象，每次返回的是字典的键。因此，可以通过 dictionary_name[key]的方式访问对应的值，从而可以遍历字典中所有的键值对。

（2）通过内建函数 items() 遍历字典。该函数返回的是一个由键值对组成的元组的列表。因此，可以遍历这个列表，从而遍历字典中所有的键值对。

例 5.2 遍历字典。

```
#定义含有 3 个键值对的字典
dict_1={1:"a",2:"b",3:"c"}
#1.通过指定键的方式遍历字典
print("循环遍历 dict_1:",dict_1)
for key in dict_1:
    print("dict_1[%s]="%key,dict_1[key])

#2.通过内建函数 items() 遍历字典
print("循环遍历 dict_1.items():",dict_1.items())
for (key,value) in dict_1.items():
    print("dict_1[%s]="%key,value)
```

程序的运行结果如下。

```
>>>
循环遍历 dict_1: {1: 'a', 2: 'b', 3: 'c'}
dict_1[1]= a
dict_1[2]= b
dict_1[3]= c
循环遍历 dict_1.items(): dict_items([(1, 'a'), (2, 'b'), (3, 'c')])
dict_1[1]= a
dict_1[2]= b
dict_1[3]= c
```

这个程序首先定义了含有 3 个键值对的字典，然后按两种方式遍历字典。第一种直接遍历，每次返回的是字典中的键，通过 dict_1[key]获取 key 键对应的值，从而遍历整个字典。第二种是通过内建函数 items() 遍历字典。这个函数返回的是一个由键值对组成的元组的列表，因此，遍历整个列表就相当于遍历了字典。

此外，keys() 方法和 values() 方法可以分别返回字典中所有键和所有值的视图。例如：

```
>>> x={'name':'John','age':25}
>>> y=x.keys()          #返回键的视图
>>> y                   #显示键视图，键视图为 dict_keys 对象
dict_keys(['age', 'name'])
>>> x['age']            #显示键为'age'所对应的值
25
>>> x.values()          #显示值视图，值视图为 dict_values 对象
dict_values([25, 'John'])
```

5.1.3　更新字典

字典是可变数据类型，即字典的长度和元素都是可以改变的。下面将介绍更新字典的方式：添加元素、修改元素和删除元素。当然，这里讲的元素指的是键值对。

1. 添加元素

向字典添加一个元素可以通过赋值语句实现。该赋值语句的写法如下。

```
dictionary_name[key]=value
```

如果 key 在字典 dictionary_name 中不存在，则直接将元素 (key,value) 添加到字典中；如果 key 已存在，则 value 会覆盖原来字典中 key 对应的值，从而修改了字典中 key 对应的值。

例 5.3　使用赋值语句向字典添加一个元素。

```
#定义一个含有 3 个元素(学号:姓名)的字典
s_dict={1001:"小王",1002:"小李",1003:"小陈"}
#使用 len()函数获取 s_dict 字典中初始的个数，str()将整型转为字符串类型
print("目前有",str(len(s_dict)),"个学生")
print("刚来了一个学生'小张',给他分配的学生编号为 1004")
#使用赋值语句向 s_dict 字典添加一个(1004,"小张")的元素
s_dict[1004]="小张"
#再次输出此时 s_dict 字典的长度
print("现在有",str(len(s_dict)),"个学生,他们分别是: ")
#使用 for 循环遍历该字典,分别输出这些元素
for key in s_dict:
    print("s_dict[%s]="%key,s_dict[key])
print("又来了一个学生'小崔',给该学生分配一个该班里已用过的学号 1004")
#使用赋值语句向 s_dict 字典添加一个(1004,"小崔")的元素
s_dict[1004]="小崔"
#再次输出此时 s_dict 字典的长度
print("现在有",str(len(s_dict)),"个学生,他们分别是:")
#使用 for 循环遍历该字典,分别输出这些元素
for key in s_dict:
    print("s_dict[%s]="%key,s_dict[key])
```

程序运行结果如下。

```
>>>
目前有 3 个学生
刚来了一个学生'小张',给他分配的学生编号为 1004

现在有 4 个学生，他们分别是：

s_dict[1001]= 小王
s_dict[1002]= 小李
s_dict[1003]= 小陈
s_dict[1004]= 小张
又来了一个学生'小崔',给该学生分配一个该班里已用过的学号 1004

现在有 4 个学生，他们分别是：

s_dict[1001]= 小王
s_dict[1002]= 小李
```

```
s_dict[1003]= 小陈
s_dict[1004]= 小崔
```

从程序运行结果可以看到，第一次使用赋值语句向字典添加元素 (1004:"小张") 后，遍历此时的字典，可以看到元素 (1004:"小张") 已被添加到字典中。第二次又使用赋值语句向字典添加元素 (1004,"小崔") 后，遍历后原来的元素已经被新元素替换，而字典的元素个数没有增加。这是因为添加的元素的键在字典中已经存在。

此外，添加元素还可以通过 setdefault() 内建函数实现。该函数的声明如下。

```
dictionary_name.setdefault(key[,default_value])
```

其中，dictionary_name 为字典名；参数 key 表示字典的键；参数 default_value 表示添加的字典元素默认的值，为可选参数，如果不指定该参数的值默认为 None。如果要添加的参数 key 已经存在，则该函数将返回原来的值，否则这个元素将被添加到字典中，并返回所添加的 value 值。

例 5.4   使用 setdefault() 函数向字典添加一个元素。

```
>>> x={'name':'John','age':25}
>>> x.setdefault('name')        #返回指定键的映射值
'John'
>>> x.setdefault('sex')         #键不存在，为字典添加键值对，映射值默认为 None
>>> x
{'age': 25, 'name': 'John', 'sex': None}
>>> x.setdefault('phone','123456')       #添加键值对
'123456'
>>> x
{'phone': '123456', 'age': 25, 'name': 'John', 'sex': None}
```

2. 修改元素

修改元素是通过赋值语句实现的。这在添加元素里面已经提到，要求在赋值时指定的键值要在字典中存在。这里就不赘述了。

3. 删除元素

删除字典中的元素可以通过 del() 函数、pop() 函数或 del 语句实现，下面将分别介绍这几种方式。

（1）通过 del() 函数删除字典中的元素。该函数的语法格式如下。

```
del(dictionary_name[key])
```

其中，key 表示所要删除的元素的键 (key)，且字典中存在这个键。

（2）通过 pop() 函数删除字典中的元素。该函数的语法格式如下。

```
dictionary_name.pop(key[,default_value])
```

其中，key 表示所要删除的元素的键 (key)，如果字典中存在这个 key，则函数返回 key 所对应的值，否则返回 default_value。

（3）通过 del 语句删除字典中的元素。该语句的语法格式如下。

```
del dictionary_name[key]
```

其中，key 表示所要删除的元素的键 (key)，del 语句和 del() 函数在功能上都是一样的，在形式上只是 del 语句没有括号而已。

注意 使用 del()函数或 del 语句删除不存在的元素时会抛出 KeyError 异常，而使用 pop() 函数则不会。

下面通过一个例子来说明这 3 种方式的用法。

例 5.5　删除字典中的元素。

```
#定义一个含有 3 个元素(学号:姓名)的字典
s_dict={1:"小王",2:"小李",3:"小陈"}
#输出初始化 s_dict 的字典
print('初始化的字典为:',s_dict)

#1.使用 del()函数删除字典中的键为 1 的元素
del(s_dict[1])
#输出此时的 s_dict 的字典
print('使用 del()函数删除字典中的键 1 的元素后的字典为:',s_dict)

#2.1 使用 pop()函数删除字典中的键为 1 的元素（不存在）
print(s_dict.pop(1,"不存在键为 1 的元素"))
#2.2 使用 pop()函数删除字典中的键为 2 的元素（存在）
print(s_dict.pop(2,"不存在键为 2 的元素"))
#输出此时的 s_dict 的字典
print('使用 del()函数删除字典中的键 2 的元素后的字典为:',s_dict)

#3.使用 del 语句删除字典中的键为 3 的元素
del s_dict[3]
#输出此时的 s_dict 的字典
print('使用 del()函数删除字典中的键 3 的元素后的字典为:',s_dict)
```

程序运行结果如下。

```
>>>
初始化的字典为: {1: '小王', 2: '小李', 3: '小陈'}
使用 del()函数删除字典中的键 1 的元素后的字典为: {2: '小李', 3: '小陈'}
不存在键为 1 的元素
小李
使用 del()函数删除字典中的键 2 的元素后的字典为: {3: '小陈'}
使用 del()函数删除字典中的键 3 的元素后的字典为: {}
```

从程序运行结果可以看到，第一次使用 del() 函数删除字典中键为 "1" 的元素后，字典还有两个元素。第二次使用 pop() 函数删除键为 "1" 的元素时，由于此元素在字典中已不存在，所以函数返回默认值 "不存在键为 1 的元素"。接下来再次使用该函数删除键为 "2" 的元素，由于此元素存在，所以该函数返回 2 对应的值 "小李"。最后使用 del 语句删除字典中键为 "3" 的元素，字典已经变为空字典{}。

5.1.4　字典常用操作和方法

1. 求长度

len() 函数可返回字典的长度，即 "键：值" 对的个数。例如：

```
>>> x=dict(zip(['name','age'],['John',25]))    #使用 zip 解析键值列表创建字典
>>> x
{'age': 25, 'name': 'John'}
>>> len(x)
2
```

2. 关系判断

in 操作符可用于判断是否包含某个键。例如：

```
>>> x=dict(zip(['name','age'],['John',25]))    #使用 zip 解析键值列表创建字典
>>> 'name' in x
True
>>> 'sex' in x
False
```

3. clear()方法

删除全部字典。例如：

```
>>> x=dict(name='John',age=25)
>>> x
{'age': 25, 'name': 'John'}
>>> x.clear()
>>> x
{}
```

4. copy()方法

复制字典对象。例如：

```
>>> x={'name':'John','age':25}
>>> y=x                         #直接赋值时，x 和 y 引用同一个字典
>>> x,y
({'age': 25, 'name': 'John'}, {'age': 25, 'name': 'John'})
>>> y['name']='Curry'    #通过 y 修改字典
>>> x,y
({'age': 25, 'name': 'Curry'}, {'age': 25, 'name': 'Curry'})
>>> y is x       #判断是否引用相同对象
True
>>> y=x.copy()      #y 引用复制的字典
>>> y['name']='Python'   #修改 y 不影响 x
>>> x,y
({'age': 25, 'name': 'Curry'}, {'age': 25, 'name': 'Python'})
>>> y is x         #x 和 y 不再引用同一个对象
False
```

5. get(key[,default])方法

返回键 key 映射的值。如果键不存在，返回空值。可用 default 参数指定不存在的键的返回值。例如：

```
>>> x.get('name')
'Curry'
>>> x.get('sex')          #不存在的键返回空值
>>> x.get('sex','xxx')    #不存在的键返回指定值
'xxx'
```

6．键视图的集合操作

键视图支持各种集合运算，键值对视图和值视图不支持集合运算。例如：

```
>>> x={'a':1,'b':2}
>>> kx=x.keys()     #返回 x 的键视图
>>> kx
dict_keys(['a', 'b'])
>>> y={'b':3,'c':4}
>>> ky=y.keys()         #返回 y 的键视图
>>> ky
dict_keys(['c', 'b'])
>>> kx-ky     #求 x 和 y 两个键视图的差集
{'a'}
>>> kx|ky     #求 x 和 y 两个键视图的并集
{'a', 'c', 'b'}
>>> kx&ky     #求 x 和 y 两个键视图的交集
{'b'}
>>> kx^ky     #求 x 和 y 两个键视图的对称差集
{'a', 'c'}
```

5.2　集　合　类　型

在 Python 中，集合也是一种无序不重复的元素集，类似数学中的集合。集合中的元素要求是可哈希的对象。集合有两种不同的类型：可变集合和不可变集合。可变集合可以对集合中的元素进行添加和删除，而不可变集合则不可以添加和删除元素。集合的基本用途包括成员关系测试和重复条目消除，它也支持并、交、差等数学集合操作。

5.2.1　创建集合

由于集合有两种不同的类型，因此，创建的方式也不同。如果创建一个可变集合，可以通过花括号，并把花括号里的每一个元素采用逗号进行分隔的方式或者通过内建函数 set() 来实现。而要创建一个不可变的集合，只能通过内建函数 frozenset() 实现。创建可变集合的一般格式如下。

```
set_name={element1,element2,element3,…,elementN}
```

　　　　使用 set() 或 frozenset() 函数创建集合时，参数是一个列表，如果创建的是一个单字符多元素的集合，则参数可以是一个字符串。

例 5.6　创建集合。

```
#1.创建可变集合
#1.1 通过普通方式创建
>>> s_set={"小王","小李","小陈"}
>>> s_set
{'小李', '小王', '小陈'}
#1.2 通过 set() 函数的方式创建
>>> s2_set=set(["小王","小李","小陈","小陈"])
```

```
>>> s2_set
{'小李', '小王', '小陈'}
>>> set('123abc')    #用字符串常量做参数创建集合对象
{'a', 'c', 'b', '1', '3', '2'}
>>> set()       #创建空集合
set()
#2.创建不可变集合
>>> s3_set=frozenset(["小王","小李","小陈"])
>>> s3_set
frozenset({'小李', '小王', '小陈'})
```

从上面例子可以看出，在创建 s2_set 集合时，不能有重复的元素。

Python3.0 还引入了一种集合解析构造方法，包括列表、字符串的解析方式及解析对象的表达式方式。例如：

```
>>> {x for x in[1,2,3,4,4]}
{1, 2, 3, 4}
>>> {x for x in 'abccdd'}
{'a', 'c', 'b', 'd'}
>>> {x ** 2 for x in [1,3,2,4]}    #列表中元素的平方作为集合的元素
{16, 1, 4, 9}
>>> {x *2 for x in 'abcd'}        #字符串的每个字符的 2 次幂运算的结果作为最后集合的元素
{'aa', 'cc', 'dd', 'bb'}
```

5.2.2　访问集合

由于集合中的元素是无序的，并且也没有像字典中"键值对"的对应关系，所以无法获取某个指定的元素，只能遍历整个集合来访问其中的所有元素。

例 5.7　遍历集合。

```
#定义含有 3 个元素的集合
s_set={"小王","小李","小陈"}
#通过 for 循环遍历整个集合
print('s_set 集合含有以下元素: ')
for ele in s_set:
    print(ele)
```

程序的运行结果如下。

```
>>>
```

s_set 集合含有以下元素。

```
小李
小王
小陈
>>>
```

5.2.3　更新集合

更新集合只能更新可变集合，因为只有可变集合中的元素才能够修改，而不可变集合则不能修改。这里的更新也只有向集合中添加元素和从集合中删除元素，而没有修改元素，因为无法获

取某个指定的元素。下面介绍这两种更新集合的方式。

1. 添加元素

向集合添加一个元素可以通过内建函数 set.add() 实现，而一次性添加多个元素可以通过
set.update() 函数实现。set.update() 函数其实是将一个集合中的所有元素添加到 set 集合中，并同时
去掉重复的元素。

例 5.8　向集合中添加元素。

```
#定义一个含有两个元素的集合
s1_set={"小李","小陈"}
#再定义一个含有 3 个元素的集合
s2_set={"小王","小崔","小德"}
#输出初始化集合 s1_set
print("初始化集合 s1_set 为: ",s1_set)
#使用 add()函数向集合 s1_set 中添加元素"小王"
s1_set.add("小王")
print("使用 add()函数添加元素'小王'后的集合 s1_set 为: ",s1_set)
#使用 update()函数一次性向集合 s1_set 中添加多个元素
s1_set.update(s2_set)
print("使用 update()函数一次性添加多个元素后的集合 s1_set 为: ",s1_set)
```

程序运行结果如下。

```
>>>
初始化集合 s1_set 为: {'小李', '小陈'}
使用 add()函数添加元素'小王'后的集合 s1_set 为: {'小李', '小王', '小陈'}
使用 update()函数一次性添加多个元素后的集合 s1_set 为: {'小李', '小王', '小陈', '小德', '小崔'}
```

还可以使用 update() 为集合添加多个元素，例如：

```
>>> x={1,2}
>>> x.update({10,20})     #为集合添加多个元素
>>> x
{1, 2, 20, 10}
```

集合元素是不可改变的，所以不能将可变对象加入集合中。集合、列表和字典对象都不能加
入集合。元组可以作为一个元素加入集合。例如：

```
>>> x={1,2}
>>> x.add({1})     #不能加入集合
Traceback (most recent call last):
  File "<pyshell#20>", line 1, in <module>
    x.add({1})     #不能加入集合
TypeError: unhashable type: 'set'
>>> x.add([1,3,2])  #不能加入列表对象
Traceback (most recent call last):
  File "<pyshell#21>", line 1, in <module>
    x.add([1,3,2])   #不能加入列表对象
TypeError: unhashable type: 'list'
>>> x.add({'Mon':1})    #不能加入字典对象
Traceback (most recent call last):
  File "<pyshell#22>", line 1, in <module>
    x.add({'Mon':1})    #不能加入字典对象
```

```
TypeError: unhashable type: 'dict'
>>> x.add((1,2,3))     #可以加入元组
>>> x
{1, 2, (1, 2, 3)}
```

不能为冻结集合添加元素，冻结集合可以作为一个元素加入另一个集合。例如：

```
>>> x=frozenset([1,2,3])
>>> x
frozenset({1, 2, 3})
>>> y=set([4,5])
>>> y
{4, 5}
>>> y.add(x)          #将冻结集合作为元素加入另一个集合
>>> y
{frozenset({1, 2, 3}), 4, 5}
>>> x.add(10)     #为冻结集合添加元素发生错误
Traceback (most recent call last):
  File "<pyshell#16>", line 1, in <module>
    x.add(10)     #为冻结集合添加元素发生错误
AttributeError: 'frozenset' object has no attribute 'add'
```

2. 删除元素

删除集合中的元素可以通过 remove() 函数、pop() 函数、discard() 函数或 clear() 函数实现。其中，pop()函数删除集合中的第一个元素并返回，而 clear() 函数将删除集合中的所有元素。remove() 和 discard() 的区别是若被删除元素不是集合中的元素，前者会抛出 KeyError 异常，后者不会抛出异常。下面通过一个例子来介绍这几个函数。

例 5.9　从集合中删除元素。

```
#定义一个含有 3 个元素的集合
s_set={"小王","小李","小陈"}
#输出初始化集合 s_set
print("初始化集合 s_set 为:",s_set)
#1.使用 remove()函数删除集合 s_set 中的"小王"
s_set.remove("小王")
#输出此时的集合 s_set
print("使用 remove()函数删除'小王'后的集合 s_set 为:",s_set)
#2.使用 pop()函数删除集合 s_set 的第一个元素
obj=s_set.pop()
print("使用 pop()函数删除集合 s_set 中的第一个元素后的集合为:",s_set)
#3.使用 discard()函数删除集合中的元素
if obj=='小李':
    #删除"小陈"
    s_set.discard("小陈")
    print("使用 discard()函数删除'小陈'后的集合 s_set 为:",s_set)
else:
    #删除"小李"
    s_set.discard("小李")
    print("使用 discard()函数删除'小李'后的集合 s_set 为:",s_set)
#对 s_set 重新赋值
```

```
s_set={"小王","小张","小何"}
print("重新赋值后的集合 s_set 为: ",s_set)
#4.使用 clear()函数删除集合 s_set 中所有的元素
s_set.clear()
print("使用 clear()函数后的集合 s_set 为: ",s_set)
```

程序运行结果如下。

```
>>>
初始化集合 s_set 为: {'小李', '小王', '小陈'}
使用 remove()函数删除小王后的集合 s_set 为: {'小李', '小陈'}
使用 pop()函数删除集合 s_set 中的第一个元素后的集合为: {'小陈'}
使用 discard()函数删除小陈后的集合 s_set 为: set()
重新赋值后的集合 s_set 为: {'小何', '小王', '小张'}
使用 clear()函数后的集合 s_set 为: set()
```

5.2.4　集合操作

集合对象支持并集、交集、差集等集合操作。例如:

```
>>> x={1,2,'a','bc'}
>>> y={1,'a',5}
>>> len(x)        #求集合中元素的个数
4
>>> 'a' in x    #判断元素是否属于集合
True
>>> x-y          #求差集:'x-y'用 x 中不属于 y 的元素创建新集合
{2, 'bc'}
>>> x|y          #求并集:'x|y'用 x、y 中两个集合中的全部元素创建新集合
{'a', 1, 2, 5, 'bc'}
>>> x&y          #求交集:'x&y'用同时属于 x 和 y 的元素创建新集合
{'a', 1}
>>> x^y          #求对称差:'x^y'用 x 中不属于 y 以及 y 中不属于 x 的元素创建新集合
{2, 5, 'bc'}
>>> x<y          #比较运算符可用于判断子集或超集关系
False
>>> {1,2}<x
True
```

小　　结

本章主要讲解了以下几个知识点。

（1）字典。字典是 Python 语言中的唯一的映射类型，其由键（key）和值（value）组成，是可变的数据类型，其值没有特定顺序。

（2）字典的创建、访问和更新。字典的创建可以通过使用花括号并采用逗号将每个键值对隔开，键值对中间用冒号分隔的方式或使用内建函数 dict() 和 formkeys() 方法实现。字典的访问可以通过指定键的方式、遍历内建函数 items() 的返回对象的方式实现。而字典的更新又包括添加元

素、修改元素和删除元素：添加元素通过赋值语句或内建函数 setdefault() 实现；修改元素也是通过赋值语句实现；删除元素通过 del()、pop() 或 del 语句实现。

（3）集合。集合是一种无序不重复的元素集。集合有两种不同的类型，可变集合和不可变集合。可以对可变集合中的元素进行添加和删除。

（4）集合的创建、访问和更新。由于集合有两种不同的类型，因此创建的方式也不同。如果创建一个可变集合，可以通过使用花括号，并采用逗号将花括号内元素分隔的方式或者通过内建函数 set() 来实现。而要创建不可变集合，通过 frozenset() 函数实现。由于集合元素是无序的，所以无法获取某个指定的元素，只能通过 for 循环遍历整个集合来访问其中的所有元素。集合的更新包括添加元素和删除元素。添加元素通过内建函数 add() 或 update() 实现；删除元素可以通过 remove()、pop()、discard() 或 clear() 函数实现。

习　　题

一、看程序写结果

1.

```
s_score_dict={1001:84}
s_score_dict[1002]=90
score=0
print(s_score_dict.setdefault(1002,80))
print(s_score_dict.setdefault(1003,96))
for key in s_score_dict:
    score+=s_score_dict[key]
print("the student's average score is",score/3.0)
```

2.

```
num_set={1}
i=9
for x in range(1,10):
    if x%2==1:
        num_set.add(i)
        i-=1
    else:
        i-=2
    if i<0:
        break
    print num_set
```

3.

```
num1_set={1}
num2_set={1}
i=9
j=9
for x in range(1,10):
    if x%2 == 1:
        num1_set.add(i)
        i-=1
        j-=3
    else:
```

```
            num2_set.add(j)
            i-=2
            j-=1
        if i<0 or j<0:
            break
print('num1_set|num2_set:',num1_set|num2_set)
print('num1_set&num2_set:',num1_set&num2_set)
print('num1_set-num2_set:',num1_set-num2_set)
print('num1_set^num2_set:',num1_set^num2_set)
```

二、上机练习

1. 依次把整型、浮点型、布尔型、字符串、列表、元组、字典、集合作为字典的键，看看哪些类型可以，哪些类型不行？为什么？

2. 定义两个集合 num1_set={1,2,3,4,5,6}和 num2_set={2,4,6}，使用函数和操作符的方式判断这两个集合，哪个是另外一个的子集，哪个是另外一个的超集，且同样使用函数和操作符的方式求出它们的交集、并集、相对补集和对称差集。

第6章

函数

本章要点

- 熟练掌握函数。
- 理解函数及函数参数的分类并能够灵活使用。
- 掌握函数的嵌套调用。
- 掌握函数的递归调用。
- 掌握变量的作用域。

通过前面章节的介绍，相信读者已经对 Python 的数据类型、运算符和控制结构有了一定的认识。但是，怎样减少程序的代码量，同时提高程序的执行效率和可维护性呢？这就用到了本章的内容——函数。

函数可以看成是语句的集合，程序通过函数调用来执行其包含的语句。函数可以返回一个计算结果，根据每次函数调用的参数返回不同的计算结果。Python 利用函数提高代码的重用率，减少了代码冗余。

6.1 函数的定义

在编写程序时，往往会遇到在多处使用的类似代码。这时，可将重复代码提取出来，定义或函数，从而简化编程工作量，也使代码结构简化。

Python 使用 def 语句来定义函数，基本格式如下。

```
def 函数名(参数表):
    函数语句
    return 返回值
```

其中，参数和返回值都不是必须有的，Python 允许函数没有参数，也没有返回值。

例 6.1 函数定义。

```
>>> def my_python_fun():      #定义函数
print('Python 你好')



>>> my_python_fun()           #调用函数
Python 你好
```

my_python_fun() 函数没有参数，也无返回值，通过 print() 函数打印一个字符串。

下面的例子为函数定义了两个参数，并用 return 语句返回两个参数的和。

例 6.2 带参数的函数定义。

```
>>> def add(a,b):        #定义函数
return a+b

>>> add(1,2)             #调用函数
3
```

6.2 函数的调用

在前面的例子中已演示了如何调用函数。函数通过函数名加上一组圆括号进行调用，参数放在圆括号内，多个参数之间用逗号分隔。在 Python 中，所有的语句都是实时执行的，不像 C/C++ 存在编译过程。def 也是一条可执行语句，定义一个函数。所以函数的调用必须在函数定义之后。另外，函数名也是一个变量，其引用 return 语句返回的值，没有返回值时，函数值为 None。

例 6.3 函数调用。

```
>>> def add(a,b):        #定义函数
 return a+b

>>> add              #直接用函数名，返回函数名变量的内存地址
<function add at 0x0000000003170048>
>>> add(10,20)        #调用函数
30
>>> x=add             #将函数名赋值给变量
>>> x(1,2)            #通过变量调用函数
3
```

6.3 函 数 参 数

在定义函数时，参数表中的各个参数称为形式参数，简称形参。调用函数时，参数表中提供的参数称为实际参数，简称实参。在 Python 中，变量保存的是对象的引用，类似 C/C++ 中的指针。实参传递给形参就是将对象的引用赋值给形参。

6.3.1 参数的多态性

Python 中的变量无类型属性，变量可引用各种不同类型的对象。同一个函数，传递的实际参数类型不同时，可获得不同的结果，体现了参数的多态性。

例 6.4 参数的多态性。

```
>>> def add(a,b):return a+b      #支持"+"运算的对象均可作参数

>>> add(1,2.5)           #执行数字加法
3.5
```

```
>>> add('abc','def')    #执行字符串连接
'abcdef'
>>> add((1,2),(3,4))    #执行元组合并
(1, 2, 3, 4)
>>> add([1,2],[3,4])    #执行列表合并
[1, 2, 3, 4]
```

6.3.2　参数的传递

通常，函数调用时按参数的先后顺序，将实参传递给形参。例如，调用 add(1,2.5) 时，1 传递给 a，2.5 传递给 b。Python 允许以形参赋值的方式，指定将实参传递给形参。

例 6.5　参数的赋值传递。

```
>>> add(a='ab',b='cd')    #通过赋值来传递参数
'abcd'
>>> add(b='ab',a='cd')
'cdab'
```

可以看出，在采用参数赋值传递时，因为指明了接收实参的形参名称，所以参数的先后顺序已经无关紧要。参数赋值的这种传递方式称为关键字传递。

例 6.6　参数传递与共享引用。

```
>>> def f(x):
x=100


>>> a=10
>>> f(a)
>>> a
10
```

从结果可以看出，将实参 a 传递给形参 x 后，在函数中重新赋值 x 并不会影响到实参 a。这是因为 Python 中的赋值是建立变量到对象的引用。重新赋值时，意味着形参引用了新的对象，原来的引用已经作废。

当实参是可变参数时（如列表、字典等），若在函数中修改形参，因为是共享引用，则通过实参也可获得修改后的对象。

例 6.7　使用可变参数。

```
>>> def f(a):
a[0]='abc'    #修改列表第一个值


>>> x=[1,2]
>>> f(x)          #调用函数,传递列表对象的引用
>>> x             #变量 x 引用的列表对象在函数中被修改
['abc', 2]
```

从中可见，可变参数可在函数中被修改，如果不希望在函数中的修改影响函数外的变量，应注意避免可变参数被修改。如果要避免列表在函数中被修改，可使用列表的复制作为实参。

例 6.8　使用可变参数复制。

```
>>> def f(a):
a[0]='abc'    #修改列表第一个值
```

```
>>> x=[1,2]
>>> f(x[:])            #传递列表的复制
>>> x          #结果显示原列表不受影响
[1, 2]
```

另外，还可以在函数内对列表进行复制，实参仍使用变量。

例 6.9　函数内列表复制。

```
>>> def f(a):
a=a[:]       #复制列表
a[0]='abc'   #修改列表的复制


>>> x=[1,2]
>>> f(x)          #调用函数
>>> x             #结果显示原列表不变
[1, 2]
```

在定义函数时，可以为参数设置一个默认值，当调用函数时如果未提供实参，则形参取默认值。

例 6.10　有默认值的参数。

```
>>> def add(a,b=-100):   #参数 b 默认值为-100
return a+b

>>> add(1,2)      #传递指定参数
3
>>> add(1)     #形参 b 取默认值
-99
```

带默认值的参数在定义函数时，应放在参数表的末尾，否则报错。例如：

```
>>> def add(a=100,b=-100):
return a+b

>>> def sub(a=100,b):
return a-b
SyntaxError: non-default argument follows default argument
>>> add()
0
```

在定义函数时，若参数名前面使用星号"*"，则表示可接受任意个数的参数。这些参数保存在一个元组中。

例 6.11　传递任意个数的参数。

```
>>> def add(a,*b):
s=a
for x in b:           #用循环迭代元组 b 中的对象
    s+=x              #累加
return s              #返回累加结果

>>> add(1,2)          #求两个数的和
```

```
3
>>> add(1,2,3)          #求 3 个数的和
6
>>> add(1,2,3,4,5)      #求 5 个数的和
15
```

Python 允许使用必须通过赋值传递的参数。在定义函数时，带星号参数之后的参数必须通过赋值传递。

例 6.12 必须通过赋值传递的参数。

```
>>> def add(a,*b,c):
s=a+c
for x in b:
      s+=x
return s

>>> add(1,2,3)      #形参 c 未使用赋值传递,出错
Traceback (most recent call last):
  File "<pyshell#40>", line 1, in <module>
    add(1,2,3)      #形参 c 未使用赋值传递,出错
TypeError: add() needs keyword-only argument c
>>> add(1,2,c=3)
6
>>> add(1,c=3)      #带星号参数可以省略,即传递一个空元组
4
```

6.4 函数的嵌套定义和 lambda 函数定义

Python 允许在函数内部定义函数。需要注意的是，内部定义的函数只能在函数内部使用。

例 6.13 函数嵌套定义。

```
>>> def add(a,b):
def getsum(x):      #在函数内部定义的函数，将字符串转换为 ASCII 码求和
    s=0
    for n in x:
          s+=ord(n)     #ord()函数得到字符的 ASCII 码
    return s
return getsum(a)+getsum(b)      #调用内部定义的函数 getsum()

>>> add('12','34')      #调用函数
202
```

lambda 函数也称为表达式函数，用于定义一个匿名函数。可以将该函数赋值给变量，通过变量调用。lambda 函数定义的基本格式如下。

```
lambda 参数表:表达式
```

例 6.14 函数的匿名定义和使用。

```
>>> add=lambda a,b:a+b      #定义表达式函数，赋值给变量
>>> add(1,2)      #函数调用格式不变
```

```
3
>>> add('ab','ad')
'abad'
```

lambda 函数非常适合定义简单的函数。与 def 不同，lambda 的函数体只能是一个表达式，可以调用其他的函数，但不能使用 Python 的其他语句。例如：

```
>>> add=lambda a,b:ord(a)+ord(b)    #在 lambda 表达式中调用其他的函数
>>> add('1','2')
99
```

6.5 函数的递归调用和函数序列调用

递归函数是指在函数体内调用函数本身。

例 6.15 递归调用实现阶乘计算。

```
>>> def fac(n):        #定义函数
if n==0:
    return 1
else:
    return n*fac(n-1)    #递归调用函数本身


>>> fac(5)
```

Python 允许将函数作为列表、元组及字典对象，然后通过列表、元组及字典索引来调用函数。

例 6.16 函数列表调用。

```
>>> d=[lambda a,b:a+b,lambda a,b:a*b]    #使用 lambda 函数建立列表
>>> d[0](1,3)        #调用第一个函数
4
>>> d[1](1,3)        #调用第二个函数
3
```

另外，还可以使用 def 定义的函数来创建函数列表。

例 6.17 def 定义的函数列表及元组。

```
>>> def add(a,b):
return a+b

>>> def fac(n):
if n==0:
    return 1
else:
    return n*fac(n-1)


>>> d=[add,fac]        #建立函数列表
>>> d[0](1,2)        #调用求和函数
3
>>> d[1](5)        #调用第二个函数
120
```

```
>>> d=(add,fac)          #建立包含函数列表的元组对象
>>> d[0](2,3)            #调用求和函数
5
>>> d[1](5)             #调用求阶乘函数
120
```

Python 还允许使用字典来建立函数映射。

例 6.18　函数映射的使用。

```
>>> d={'求和':add,'求阶乘':fac}        #用函数 add 和 fac 建立函数映射
>>> d['求和'](1,2)       #调用求和函数
3
>>> d['求阶乘'](5)       #调用求阶乘函数
120
```

函数列表等的实质其实就是在元组、列表和字典等序列中建立函数对象的引用，然后通过索引来调用函数。

6.6　函数变量的作用域

6.6.1　变量的作用域

变量作用域就是变量的可访问范围，也称为命名空间。在第一次给变量赋值时，Python 创建变量，第一次给变量赋值的位置决定了变量的作用域。

一个程序通常包含了变量、函数和其他的各种语句，变量和函数涉及可访问范围。一个程序中的变量和函数要么是在当前文件中定义，要么就是 Python 预先定义好。函数和程序文件划分了不同的作用域。在同一个作用域中，变量名是唯一的。在不同作用域中，相同的变量名也表示了不同的变量。Python 作用域分为内置作用域、文件作用域、函数嵌套作用域和本地作用域，相关定义如下。

（1）本地作用域：不包含其他函数定义的函数的内部称为本地作用域。函数内通过赋值创建变量，函数参数都属于本地作用域。

（2）函数嵌套作用域：包含了其他函数定义的函数的内部称为函数嵌套作用域。

（3）文件作用域：程序文件的内部为文件作用域。

（4）内置作用域：最顶层，包含了 Python 各种预定义变量和函数的作用域称为内置作用域。

其中，内置作用域和文件作用域有时都被称为全局作用域，函数嵌套作用域有时也称作本地作用域。作用域的范围由小到大依次是本地作用域、函数嵌套作用域、文件作用域和内置作用域。作用域外部的变量和函数可以直接在作用域内使用；相反，作用域内的变量不能在作用域外直接使用。

6.6.2　全局变量和局部变量

通常，函数调用时按参数的先后顺序，将实参传递给形参。例如，调用 add(1,2.5) 时，1 传递给 a，2.5 传递给 b。Python 允许以形参赋值的方式，指定将实参传递给形参。

根据作用域范围，通常将变量名分为两种：全局变量和局部变量（又叫本地变量）。内置作

用域和文件作用域中定义的变量和函数都属于全局变量，函数嵌套作用域和本地作用域内定义的变量和函数都属于局部变量。

例 6.19　变量作用域。

```
#文件作用域
a=10      #a 是全局变量
def add(b):   #参数 b 是函数 add 内的局部变量
    c=a+b     #c 是函数 add 内的局部变量，a 是函数外部的全局变量
    return c
print(add(5))   #调用函数
```

该程序在运行过程中，会产生 a、b、c 和 add 等 4 个变量名，其中，a 和 add 属于文件作用域内的全局变量，b 和 c 是函数 add 内部的局部变量。另外，该函数还用到了 print 这个内置函数。

函数内部的本地变量，在调用函数时即函数执行期间才会被创建。函数执行结束，本地变量也会从内存删除。上述程序中，def 是一条可执行语句，它创建了一个函数对象赋值给函数名变量。

作用域外的变量与作用域内的变量名称相同时，遵循"本地优先"原则，此时外部的作用域被屏蔽——称为作用域隔离原则。

例 6.20　作用域隔离原则。

```
>>> a=10    #赋值，创建全局变量 a
>>> def show():
a=100     #赋值，创建局部变量 a
print('in show():a=',a)   #赋值，创建局部变量 a


>>> show()
in show():a= 100
>>> a
10
```

从输出结果看出，局部变量屏蔽了全局变量。将上面的函数稍作修改如下。

```
>>> a=10
>>> def show():
print('a=',a)    #这里先打印 a 的值，看是否会使用全局变量
a=100
print('a=',a)


>>> show()
Traceback (most recent call last):
  File "<pyshell#13>", line 1, in <module>
    show()
  File "<pyshell#12>", line 2, in show
    print('a=',a)    #这里先打印 a 的值，看是否会使用全局变量
UnboundLocalError: local variable 'a' referenced before assignment
```

在函数 show() 中先打印 a 的值，因为后面有赋值语句，Python 将函数内部的 a 都作为局部变量，所以在调用函数时出现错误，提示局部变量 a 使用之前没有赋值。

6.6.3 global 语句

全局变量不经定义即可在函数内部使用。当在函数内部给变量赋值时，该变量将被 Python 视为局部变量。为了在函数内部给全局变量赋值，Python 提供了 global 语句，用于在函数内部声明全局变量。

例 6.21　global 语句使用。

```
    >>> a=10
>>> def show():
global a      #声明 a 是函数外部的一个全局变量
print('a=',a)
a=100
print('a=',a)


>>> show()
a= 10
a= 100
>>> a
100
```

因为在函数内部使用了 global 语句进行声明，所以代码中使用到的 a 都是全局变量。

6.6.4 nonlocal 语句

作用域隔离原则同样适用于函数内部的嵌套函数。在嵌套函数内部使用与上层函数本地变量同名的变量时，若该变量没有被赋值，则该变量就是上层函数的本地变量。例如：

```
>>> def test():
a=10     #创建 test 函数的本地变量 a
def show():
    print('in show(),a=',a)     #使用 test 函数的本地变量 a
show()
print('in test(),a=',a)          #使用 test 函数的本地变量 a


>>> test()
in show(),a= 10
in test(),a= 10
```

修改上面的代码，在 show() 函数内输出 a 之前，为 a 赋值。

```
>>> def test():
a=10     #创建 test 函数的本地变量 a
def show():
    a=100     #创建 show 函数的本地变量 a
    print('in show(),a=',a)     #使用 show 函数的本地变量 a
show()
print('in test(),a=',a)


>>> test()
in show(),a= 100
in test(),a= 10
```

可以看出，在嵌套函数内为变量赋值时，即使有同名的外部变量，也默认创建一个本地变量。

如果要在嵌套函数内部修改外部本地变量，Python 提供了 nonlocal 语句。nonlocal 语句与 global 语句类似，它声明变量是外部的本地变量。

例 6.22　nonlocal 语句使用。

```
>>> def test():
a=10        #创建 test 函数的本地变量 a
def show():
    nonlocal a       #声明 a 是 test 函数的本地变量 a
    a=100            #修改 test 函数的本地变量 a
    print('in show(),a=',a)   #使用 test 函数的本地变量 a
show()
print('in test(),a=',a)    #使用 test 函数的本地变量 a


>>> test()
in show(),a= 100
in test(),a= 100
```

可以看出，在嵌套函数内为变量赋值时，由于使用了 nonlocal 语句，所以在嵌套函数中修改的是外部函数 test() 中的外部变量 a。

6.6.5　实例：函数库

本节综合使用本章所学知识，在模块中创建一个函数库，就像使用标准模块一样，可调用其中的函数完成一定的功能。函数库包含了 yanghui() 这个函数。yanghui() 用于输出杨辉三角形。函数库模块具有自测试功能，即在独立运行时，可输出杨辉三角。

杨辉三角矩阵的规律为：第一列和主对角线上的数字都为 1，其他位置的数字为"上一行前一列"和"上一行同一列"两个位置的数字相加。若使用嵌套的列表表示杨辉三角，则非第一列和主对角线上元素的值可表示如下。

```
x[i][j]=x[i-1][j-1]+x[i-1][j]
```

下面先在函数库中实现杨辉三角函数，并为模块添加自测试代码。

例 6.23　函数库编程实例。

```
'''chapter6_fun.py
模块定义为一个函数库，包含两个函数供其他模块使用
函数 yanghui(n)用于输出 n 阶杨辉三角
模块具有自测试功能'''
###杨辉三角函数 yanghui()代码开始###
def yanghui(n):
    if not str(n).isdecimal() or n<2 or n>25:
        #限制杨辉三角阶数，避免数字太大
        print('杨辉三角函数 yanghui(n),参数 n 必须是不小于 2 且不大于 25 的正整数')
        return False
    #使用列表对象来生成杨辉三角
    x=[]
    for i in range(1,n+1):#生成初始的杨辉三角不规则矩阵
        x.append([1]*i)
    #计算杨辉三角矩阵其他值
```

```
        for i in range(2,n):
            for j in range(1,i):
                x[i][j]=x[i-1][j-1]+x[i-1][j]
    #输出杨辉三角
    for i in range(n):
        if n<=10:print(''*(40-4*i),end='')      #超过10阶时按左对齐输出
        for j in range(i+1):
            print('%-8d' % x[i][j],end='')
        print()

###yanghui()代码结束###
if __name__=='__main__':
                    print('模块独立自运行测试输出:')
                    print('10阶杨辉三角如下:')
                    yanghui(10)
```

运行结果如图 6-1 所示。

```
>>>
模块独立自运行测试输出:
10阶杨辉三角如下:
1
1       1
1       2       1
1       3       3       1
1       4       6       4       1
1       5       10      10      5       1
1       6       15      20      15      6       1
1       7       21      35      35      21      7       1
1       8       28      56      70      56      28      8       1
1       9       36      84      126     126     84      36      9       1
>>>
```

图 6-1 例 6.23 运行结果

下面在交互模式下导入函数进行测试。

例 6.24 交互模式下导入函数。

```
>>> import chapter6_fun as lib   #导入函数库模块
>>> lib.yanghui(3)       #输出 3 阶杨辉三角
1
1       1
1       2       1
>>> lib.yanghui(8)    #输出 8 阶杨辉三角
1
1       1
1       2       1
1       3       3       1
1       4       6       4       1
1       5       10      10      5       1
1       6       15      20      15      6       1
1       7       21      35      35      21      7       1
```

小　结

本章主要讲解了以下几个知识点：函数的定义、函数的调用、函数的参数传递。本章还介绍

了递归函数和 lambda 函数以及函数列表的使用。在定义和使用函数时，应注意函数内外变量的作用域，以及 global 和 nonlocal 语句的作用和区别。

习　　题

一、看程序写结果

1.

```python
def f1(posarg,defarg='Python',*varargs,**kwvarargs):
    print('posarg:',posarg)
    print('defarg:',defarg)
    i=1
    for eachvar in varargs:
        print('vararg'+str(i)+':',eachvar)
        i+=1
    i=1
    for key in kwvarargs:
        print('kwvarargs'+key+':',kwvarargs[key])
        i+=1
    print()

f1(123,'abc')
f1('abc',123)
f1(defarg='abc',posarg=123)
f1(123)
f1(123,'abc','def',[456,'xyz'])
f1(123,456,'def',kw1=1,kw2='a')
f1(123,'abc',*(456,'def'),**{'kw1':1,'kw2':'a'})
```

2.

```python
def f(n):
    if n==1:
        r=1
    else:
        r=f(n-1)*n
    return r
print(f(10))
```

二、上机练习

1. 编写两个函数 sum 和 fac，要求：在 sum 函数中产生 3 个小于 10 的随机数；对这 3 个随机数分别调用 fac 函数求它们的阶乘；在 sum 函数中返回这 3 个随机数的阶乘的和；在主函数调用 sum 函数（提示：导入 random 模块中的 randint）。

2. 编写一个递归函数实现 Fibonacci 数列。它的递归公式如下所示。

F(n)=1，n=0 或 1

F(n)=F(n−1)+F(n−2)，n>1

第7章
模块和包

本章要点

- 理解命名空间的概念。
- 掌握模块及模块的导入。
- 了解模块导入的特性及模块内建函数。
- 掌握包的相关概念。

Python 程序是由包、模块、函数组成的，其中，包是由一系列模块组成的集合，而模块是处理某一类问题的函数或（和）类的集合。函数已经在前面的章节中介绍过，类将在下一章介绍。本章首先介绍命名空间的相关概念，然后再集中介绍 Python 模块、包以及如何把模块和包导入到当前的编程环境中，同时也会涉及与模块、包相关的概念。

7.1 命 名 空 间

命名空间是从变量或标识符的名称到对象的映射。当一个名称映射到一个对象上时，这个名称和这个对象就绑定了。我们可以把命名空间理解为一个容器，在这个容器中可以装许多名称。

7.1.1 命名空间的分类

Python 中的一切都是对象，如整数、字符串、列表等数据，此外，还包括函数、模块、类和包本身。这些对象都存在于内存中。但是我们怎么找到所需的对象呢？这就需要首先判断所找的对象所处的命名空间。Python 中有 3 类命名空间：内建命名空间、全局命名空间和局部命名空间。在不同的命名空间中的名称是没有关联的。此外，不同的全局命名空间或不同的局部命名空间，所对应的名称也是没有关联的。

每个对象都有自己的命名空间，可以通过对象、名称的方式访问对象所处的命名空间下的名称，每个对象的名称都是独立的。即使不同的命名空间中有相同的名称，它们也是没有任何关联的。命名空间都是动态创建的，并且每一个命名空间的生存时间也不一样。内建命名空间是在 Python 解释器启动时创建，一直存在于当前编程环境中，直到退出解析器。全局命名空间在读入模块定义时，即该模块被导入（import）的时候创建。通常情况下，全局命名空间也会一直保存到解释器退出。局部命名空间在函数或类的方法被调用时创建，在函数返回或者引发了一个函数内部没有处理的异常时删除。

7.1.2 命名空间的规则

理解 Python 的命名空间需要掌握以下 3 条规则。

（1）赋值语句（包括显式赋值和隐式赋值）会把名称绑定到指定对象中，赋值的地方决定名称所处的命名空间。

（2）函数、类定义会创建新的命名空间。

（3）Python 搜索一个名称的顺序是"LEGB"。

所谓的"LEGB"是 Python 中 4 层命名空间的英文名字首字母的缩写。这里的 4 层命名空间是上面所说的 3 个命名空间的一个细分。

第一层是 L（local），表示在一个函数定义中，而且在这个函数里面没有再包含函数的定义。

第二层是 E（enclosing function），表示在一个函数定义中。但这个函数里面还包含有函数的定义。其实 L 层和 E 层只是相对的，这两层空间合起来就是上面所说的局部命名空间。

第三层是 G（global），表示一个模块的命名空间，也就是说在一个.py 文件中，且在函数或类外构成的一个空间，这一层空间对应上面所说的全局命名空间。

第四层是 B（builtin），表示 Python 解释器启动时就已经加载到当前编程环境中的命名空间。之所以叫 builtin，是因为在 Python 解释器启动时会自动载入__builtin__模块。这个模块中的 list、str 等内置函数就处于 B 层的命名空间中。这一层空间对应上面所说的内建命名空间。

7.1.3 命名空间示例

下面通过一个例子来理解命名空间。

例 7.1 命名空间示例。

```
a=int('12')
def outFunc():
    print('调用 outFunc 函数')
    b=3
    a=4
    def inFunc():
        print('调用 inFunc 函数')
        b=5
        c=a+b
        print('调用 inFunc 函数的返回值为',c)
        return c
    e=b+inFunc()
    print('调用 outFunc 函数的返回值为',e)
    return e
outFunc()
```

程序运行结果如下。

```
>>>
调用 outFunc 函数
调用 inFunc 函数
调用 inFunc 函数的返回值为 9
调用 outFunc 函数的返回值为 12
```

首先，当程序保存成一个.py 文件，然后启动 Python 解析器。此时内建命名空间和全局命名空间被创建。在主函数调用 outFunc 函数时创建局部命名空间。接下来我们分析该程序中的各个名称处于什么命名空间。

第 1 行，赋值语句，适用第一条规则，把名称 a 绑定到由内建函数 int 创建的整型 3 这个对象。赋值的地方决定名称所处的命名空间，因为 a 是在函数外定义的，所以 a 处于 G 层命名空间中，即全局命名空间。注意，这一行中还有一个名称，那就是 int。由于 int 是内置函数，是在 __builtin__ 模块中定义的，所以 int 就处于 B 层命名空间中，即内建命名空间。

第 2 行，由于 def 中包含一个隐性的赋值过程，适用第一条规则，把名称 outFunc 绑定到所创建的函数对象中。由于 outFunc 是在函数外定义的，因此 outFunc 处于 G 层命名空间中。此外，这一行还适用第二条规则，函数定义会创建新的命名空间，即局部命名空间。

第 4 行，适用第一条规则，把名称 b 绑定到 3 这个对象中。由于这是在一个函数内定义，且内部还有函数定义，因此 b 处于 E 层命名空间中，精确来说是处于 outFunc 函数创建的局部命名空间。

第 5 行，适用第一条规则，把名称 a 绑定到 4 这个对象中。需要注意：这个名称 a 与 b 名称一样都处于 E 层命名空间中，但这个名称 a 与第 3 行的名称 a 是不同的，因为它们所处的命名空间是不一样的。

第 6 行，适用第一条规则，把名称 inFunc 绑定到所创建的函数对象中。由于名称 inFunc 是在 outFunc 函数内部定义的，所以名称 inFunc 处于 L 层命名空间中，即定义 outFunc 函数时创建的局部命名空间。同样，函数定义也会创建新的局部命名空间。

第 8 行，适用第一条规则，把名称 b 绑定到 5 这个对象中。由于这个名称 b 是在 inFunc 函数内定义的，而且在这个函数内部没有其他的函数定义，所以这个名称 b 处于 L 层命名空间中，精确来说是处于 inFunc 函数创建的局部命名空间中。这个名称 b 和第 4 行中的名称 b 是不同的，它们分别处于 inFunc 函数创建的局部命名空间和 outFunc 函数创建的局部命名空间。

第 9 行，适用第三条规则，Python 解释器首先识别到名称 a，按照 LEGB 的顺序查找，先找 L 层，即在 inFunc 内部的层，没有找到，再找 E 层，也就是在 outFunc 内部 inFunc 外部找到，其值为 4。然后又识别到名称 b，同样按 LEGB 顺序查找，在 L 层找到，其值为 5，然后把 4 和 5 相加得到 9，紧接着创建 9 这个对象，把名称 c 绑定到这个对象中。和第 8 行的 b 一样，这个名称 c 也处于 L 层命名空间。

后面的语句类似，这里就不再一一分析了。其实，所谓的 "LEGB" 是为了学术上便于表述而创造的。对于一个程序员来说只要知道对于一个名称，Python 是怎么寻找它的值的就可以了。

通过上面的例子可以看出，如果在不同的命名空间中定义了相同的名称是没有关系的，不会产生冲突。寻找一个名称的过程总是从当前层（命名空间）开始查找，如果找到就停止查找，没找到就继续往上层查找，直到找到为止或抛出找不到的异常。总之，B 层内的名称在所有模块（.py 文件）中可用，G 层内的名称在当前模块（.py 文件）中可用，E 和 L 层内的名称在当前函数内可用。

7.2 模 块

在 Python 中，模块就是一个包含变量、函数或类的定义的程序文件，除了各种定义之外，还可包含其他的各种 Python 语句。在大型系统中，往往将系统功能分别使用多个模块来实现或者将常用功能集中在一个或多个模块文件中，然后在顶层的主模块文件或其他文件中导入使用。Python 本身也提供了大量内置模块，并可集成各种扩展模块。前面各章中已经使用到了一些 Python 的内置模块，如小数模块 decimal、分数模块 fractions、数学模块 math 等。

7.2.1　导入模块

模块需要先导入，然后才能使用其中的变量或函数。可使用 import 或 from 语句来导入模块，基本格式如下。

```
import 模块名称
import 模块名称 as 新名称
from 模块名称 import 导入对象名称
from 模块名称 import 导入对象名称 as 新名称
from 模块名称 import *
```

1. import 语句

import 语句用于导入整个模块，可用 as 为导入的模块指定一个新的名称。使用 import 语句导入模块后，模块中的对象均以"模块名称.对象名称"的方式来引用。

例 7.2　模块导入示例一。

```
>>> import math          #导入模块
>>> math.fabs(-5)        #调用模块函数
5.0
>>> math.e               #使用模块常量
2.718281828459045
>>> fabs(-5)        #试图直接使用模块中的变量,出错
Traceback (most recent call last):
  File "<pyshell#3>", line 1, in <module>
    fabs(-5)        #试图直接使用模块中的变量,出错
NameError: name 'fabs' is not defined
>>> import math as m     #导入模块并指定新名称
>>> m.fabs(-5)           #通过新名称调用模块函数
5.0
>>> m.e                  #通过新名称使用模块常量
2.718281828459045
>>> math.fabs(-10)       #模块原名称仍可使用
10.0
```

2. from 语句

from 语句用于导入模块中的指定对象。导入的对象直接使用，不需要使用模块名称作为限定符。

例 7.3　模块导入示例二。

```
>>> import math as m        #导入模块并指定新名称
>>> m.fabs(-5)           #通过新名称调用模块函数
5.0
>>> m.e                  #通过新名称使用模块常量
2.718281828459045
>>> math.fabs(-10)       #模块原名称仍可使用
10.0
```

```
>>> from math import fabs          #从模块导入指定函数
>>> fabs(-5)
5.0
>>> from math import e             #从模块导入指定常量
>>> e
2.718281828459045
>>> from math import fabs as f1    #导入时指定新名称
>>> f1(-10)
10.0
```

3. from…import *语句

使用星号时，可导入模块顶层的全局变量和函数。

例 7.4　模块导入示例三。

```
>>> from math import *        #导入模块顶层全局变量和函数
>>> fabs(-5)                  #直接使用导入的函数
5.0
>>> e                        #直接使用导入的常量
2.718281828459045
```

7.2.2　导入与执行语句

import 和 from 语句在执行导入操作时，会执行被导入的模块。模块中的赋值语句执行时创建变量，def 语句执行时创建函数对象。总之，模块中的全部语句都会被执行，且只执行一次。当再次使用 import 或 from 语句导入模块时，不会执行模块代码，只是重新建立到已经创建的对象的引用而已。所以，import 和 from 语句是隐性的赋值语句。

（1）Python 执行 import 语句时，创建一个模块对象和一个与模块文件同名的变量，并建立变量和模块对象的引用。

（2）Python 执行 from 语句时，会同时在当前模块和导入模块中创建同名变量，并引用模块在执行时创建的对象。

下面通过示例说明通过使用模块导入的操作。

例 7.5　模块导入操作说明示例。

首先，下面的模块文件 test.py 包含了一条赋值语句、一个函数定义和一条输出语句。代码如下。

```
x=100                    #赋值,创建变量 x
def show():              #定义函数,执行时创建函数对象
    print('这是模块 test.py 中的 show()函数中的输出!')
print('这是模块 test.py 中的输出!')
```

下面通过使用该模块说明导入操作。

```
>>> import test          #导入模块,下面的输出说明模块在导入时被执行
这是模块 test.py 中的输出!
>>> test.x               #使用模块变量
100
>>> test.x=200           #为模块变量赋值
>>> import test          #重新导入模块
>>> test.x               #使用模块变量,输出结果显示重新导入未影响变量的值
200
```

```
>>> test.show()              #调用模块函数
这是模块 test.py 中的 show() 函数中的输出！
>>> abc=test                 #将模块变量赋值给另一个变量
>>> abc.x                    #使用模块变量
200
>>> abc.show()               #调用模块函数
```

这是模块 test.py 中的 show() 函数中的输出！

从上面的代码执行过程和输出结果可以看出，重新导入并不会执行代码，而只是重新建立到已经创建的对象的引用而已，所以并不会改变模块中变量在之前已经赋的值。在执行了 import test 后，test 是与模块文件同名的变量，所以可以将它赋值给另一个变量 abc，引用同一个模块对象。

再考察使用 from 导入 test 模块。

```
>>> from test import x,show  #导入模块中的变量名 x,show
>>> x                        #输出模块中变量的原始值
200
>>> show()                   #调用模块函数
这是模块 test.py 中的 show() 函数中的输出！
>>> x=300                    #这里是为当前模块变量赋值
>>> from test import x,show  #重新导入
>>> x                        #x 的值为模块中变量的原始值
200
```

在执行 from 语句时，可以看到模块重新导入，同时 from 语句将模块中的变量名 x 和 show 赋值给当前模块中的变量名 x 和 show。语句"x=300"只是为当前模块中的变量 x 赋值，不会影响到模块中的变量 x。再次重新导入后，当前模块变量 x 被重新赋值为 test 模块变量 x 的值。

从对比可以看出，import 导入模块后，可使用模块变量名"test."作为限定词，直接使用模块中的变量和函数；而 from 通过将模块中的变量名赋值给当前模块中的同名变量，来引用模块中的对象。

7.2.3　import 及 from 的使用

在使用 import 导入模块时，模块中的变量名使用"模块名."作为限定词，所以不存在歧义，即使与其他模块变量同名也没有关系。在使用 from 时，当前模块的同名变量引用了模块内部的对象。在遇到与当前模块或其他模块变量同名时，使用时应特别注意。

1. 使用模块内的可修改对象

使用 from 导入模块时，可以直接使用变量名引用模块中的对象，避免了输入"模块名."作为限定词。这种便利有时也会遇到麻烦。

在下面的模块 test2.py 中，变量 x 引用了一个不可修改的整数对象 100，y 引用了一个可修改的列表对象。

例 7.6　使用模块内的可修改对象示例。

```
test2.py:
x=100         #赋值,创建整数对象 100 和变量 x,使 x 引用整数对象
y=[10,20]     #赋值,创建引用列表对象[10,20]和变量 y,使 y 引用列表对象
```

下面使用 from 导入模块 test2。

```
>>> x=10           #创建当前模块变量 x
>>> y=[1,2]        #创建当前模块变量 y
>>> from test2 import *   #使当前模块变量引用模块中的整数对象 100 和列表对象[10,20]
>>> x,y            #输出结果显示确实引用了模块中的对象
(100, [10, 20])
>>> x=200          #赋值,使当前模块变量 x 引用整数对象 200,断开与原来的引用
>>> y[0]=['abc']      #修改第一个列表元素,此时修改了模块中的列表对象
>>> import test2   #再次导入模块
>>> test2.x,test2.y
#输出结果显示模块中的列表对象已经被修改,而模块中的变量 x 没有被修改
(100, [['abc'], 20])
```

在执行 "from test2 import *" 时，隐含的赋值操作改变了当前模块变量 x 和 y 的引用，使其引用了模块中的对象。执行 "x=200" 时，使当前模块变量 x 引用整数对象 200，原来与模块中整数对象 100 的引用断开。所以，赋值操作改变了变量的引用，并不会改变变量引用的对象。当执行 "y[0]=['abc']" 时，并没有改变 y 的引用，而是修改了引用的列表对象。如果本意只是修改了当前模块中的列表，只是刚好遇到与模块中引用了列表的变量同名。显然，目的并没有达到。这说明了在使用 from 导入模块时，应注意对可修改对象的使用。如果无法确定，建议使用 import。

2. 使用 from 导入两个模块中的同名变量

在下面的两个模块 test3.py 和 test4.py 中包含了同名的变量名。

例 7.7　使用 from 导入两个模块中的同名变量示例。

```
#test3.py
def show():
    print('out in test3.py')
#test4.py
def show():
    print('out in test4.py')
```

下面导入这两个模块。

```
>>> from test3 import show
>>> from test4 import show
>>> show()
out in test4.py
>>> from test4 import show
>>> from test3 import show
>>> show()
out in test3.py
```

由上可以看出，虽然导入了两个模块，但后面的导入为 show 赋值覆盖了前面的赋值，因此只能调用后面赋值时引用的模块函数。

如果使用 import 来导入，则不存在这种问题。

```
>>> import test3
>>> import test4
>>> test3.show()
out in test3.py
>>> test4.show()
out in test4.py
```

因此，通过前面例子可以看到，使用 from 执行导入时，有时可能会带来一些不确定性。为了

避免不必要的冲突，建议使用 import 来执行导入。

7.2.4 重新载入模块

很多时候，再次使用 import 和 from 导入模块时，其本意通常是重新执行模块代码，恢复相关变量到模块执行时的状态。显然，这种愿望通过再次使用 import 和 from 导入是无法达到的。因此，Python 在 imp 模块中提供了 reload 函数来重新载入并执行模块代码。使用 reload 重载模块时，如果模块文件已经被修改，则会执行修改后的代码。reload 函数用模块变量名作为参数，重载对应模块，所以 reload 重载的必须是使用 import 语句已经导入的模块。

例 7.8 重新载入模块示例。

```
>>> import test          #导入模块，模块代码被执行
这是模块 test.py 中的输出！
>>> test.x
100
>>> test.x=200
>>> import test          #再次导入
>>> test.x               #再次导入没有影响之前的赋值
200
>>> from imp import reload     #导入 reload 函数
>>> reload(test)               #重载模块，可以看到模块代码被再次执行
这是模块 test.py 中的输出！
<module 'test' from 'test.py'>
>>> test.x                     #因为模块代码再次执行，x 被赋值为原始值
100
```

7.2.5 嵌套导入模块

Python 允许任意层次的嵌套导入模块。每个模块都是一个名字空间，嵌套导入意味着名字空间的嵌套。在使用模块变量名时，则需要依次使用模块变量名作为限定符。

例 7.9 嵌套导入模块示例。

有两个模块文件 module1.py 和 module2.py，代码分别如下。

```
#module1.py
x=100
def show():
    print('这是模块 module1.py 中的 show()函数中的输出！')
print('载入模块 module1.py!')
import module2
#module2.py
x2=200
print('载入模块 module2.py!')
```

在交互模式下导入 module1.py：

```
>>> import module1       #导入模块 module1
载入模块 module1.py!
载入模块 module2.py!
>>> module1.x            #使用 module1 模块变量
100
```

```
>>> module1.show()          #调用 module1 模块函数
这是模块 module1.py 中的 show()函数中的输出！
>>> module1.module2.x2          #使用嵌套调用的 module2 模块中的变量
200
```

7.2.6 模块对象属性和命令行参数

在导入模块时，Python 会使用模块文件创建一个模块对象。模块中引用的各种对象的变量名称为对象的属性。Python 也为模块对象添加一些内置的属性。可使用 dir 函数来查看对象属性。

例 7.10 查看模块对象属性。

有模块 test5.py，代码如下。

```
'''
该模块用于演示
模块包含一个全局变量和函数
'''
#test5.py
x=100
y=[1,3]
def show():
    print('这是模块 test5.py 中的 show 函数中的输出！')
def add(a,b):
    return a+b
```

下面导入该模块，查看其属性。

```
>>> import test5
>>> dir(test5)
['__builtins__', '__cached__', '__doc__', '__file__', '__name__', '__package__', '
add', 'show', 'x', 'y']
>>> test5.__doc__
'\n 该模块用于演示\n 模块包含一个全局变量和函数\n'
>>> test5.__fi
Traceback (most recent call last):
  File "<pyshell#3>", line 1, in <module>
    test5.__fi
AttributeError: 'module' object has no attribute '__fi'
>>> test5.__file__
'test5.py'
>>> test5.__name__
'test5'
```

dir() 函数返回的列表包含了模块对象的属性，其中以双下画线 "" 开头和结尾的是 Python 内置的属性，其他为代码中的变量名。

在作为导入模块使用时，模块__name__属性值为模块文件的主名。当作为顶层模块直接执行时，__name__属性值为 "__main__"。在下面的 test6.py 中，检查__name__属性值是否为 "__main__"。如果为 "__main__" 则将命令行参数输出。

例 7.11 _name_属性和命令行参数示例。

```
#test6.py
if __name__=='__main__':
    #模块独立运行时,执行下面的代码
    def show():
```

```
        print('test6.py独力运行')
    show()
    import sys
    print(sys.argv)          #输出命令行参数
else:
    #作为导入模块时，执行下面的代码
    def show():
        print('test6.py作为导入模块使用')
print('test6.py执行完毕!')              #该语句总会执行
```

在命令行执行 test6.py，运行结果如下。

```
C:\Python32>python test6.py chen 25
test6.py独力运行
['test6.py', 'chen', '25']
test6.py执行完毕!
```

在交互模式下导入 test6.py，执行其 show() 方法如下。

```
>>> import test6
test6.py执行完毕!
>>> test6.show()
test6.py作为导入模块使用
```

从上面的例子可以看出，通过检查__name__属性值是否为"__main__"，可以分别定义作为顶层模块或导入模块时执行的代码。

7.2.7 模块搜索路径

在导入模块时，Python 会执行下列 3 个步骤。

（1）搜索模块文件：在导入模块时，省略了模块文件的路径和扩展名，因为 Python 会按特定的路径来搜索模块文件。

（2）必要时编译模块：找到模块文件后，Python 会检查文件的时间戳，如果字节码文件比源代码文件旧，即源代码文件做了修改，Python 会执行编译操作，生成最新的字节码文件。如果字节码文件时最新的，则跳过编译环节。如果在搜索路径中只发现了字节码而没有源代码文件，则直接加载字节码文件。如果只有源代码文件，Python 则直接执行编译操作，生成字节码文件。

（3）执行模块：执行模块的字节码文件。文件中所有的可执行语句都会被执行，所有的变量在第一次赋值时被创建，函数对象也在执行 def 语句时创建。如果有输出，也会直接显示。

在 Python 3.2 中，Python 会在安装目录下的__pycache__子目录中保存字节码文件，如 test.cpython-32 是 test.py 模块导入后生成的字节码文件。

在使用模块导入功能时，不能在 import 或 from 语句中指定模块文件的路径，只能依赖于 Python 搜索路径。可使用标准模块 sys 的 path 属性来查看当前搜索路径设置。例如：

```
>>> import sys
>>> sys.path
['', 'C:\\Python32\\Lib\\idlelib', 'C:\\Windows\\system32\\python32.zip', 'C:\\Python32\\DLLs', 'C:\\Python32\\lib', 'C:\\Python32', 'C:\\Python32\\lib\\site-packages']
```

第一个空子符串表示 Python 当前工作目录。Python 按照先后顺序依次在 path 列表中搜索模块。如果要导入的模块不在这些目录中，导入操作失败。通常，sys.path 由 4 部分设置组成。

（1）程序的当前目录，可用 os 模块中的 getcwd() 函数查看当前目录名称。

（2）操作系统的环境变量 PYTHONPATH 中包含的目录（如果有的话）。

（3）Python 标准库目录。

（4）任何.pth 文件包含的目录（如果有的话）。

Python 也会按照上面的顺序搜索各个目录。从 sys.path 的组成可以看出，可以使用系统环境变量 PYTHONPATH 或使用.pth 文件来配置搜索路径。

.pth 文件通常放在 Python 安装目录中，例如 c:\python32。.pth 文件的文件名可以任意，例如 searchpath.pth。.pth 文件中，每个目录占一行，可包含多个目录，例如：c:\myapp\hello 和 e:\pytemp\src。

在 Win7 系统中，可以按照下面的步骤添加和配置环境变量 PYTHONPATH。

（1）用鼠标右键单击桌面的"计算机"图标，在弹出的快捷菜单中选择"属性"命令，打开"系统"窗口，如图 7-1 所示。

图 7-1　系统设置窗口

（2）单击左侧的"高级系统设置"选项，打开"系统属性"对话框，如图 7-2 所示。

（3）在"系统属性"对话框中单击 环境变量(N)... 按钮，打开"环境变量"对话框，如图 7-3 所示。若是修改环境变量，则在列表中双击变量名称即可打开对话框进行修改。

（4）为当前用户添加环境变量，则单击当前用户变量框中的 新建(N)... 按钮；为系统所有用户添加环境变量，则单击系统变量框中的 新建(W)... 按钮。单击 新建(N)... 按钮后，打开"新建用户变量"对话框，如图 7-4 所示。

（5）在"变量名"文本框中输入 PYTHONPATH，在"变量值"文本框中输入分号分隔的多个路径。最后，单击 确定 按钮关闭各个对话框。

设置完成后，务必启动新的 Python Shell，可使用"sys.path"来查看是否正确完成了 PYTHONPATH 设置。

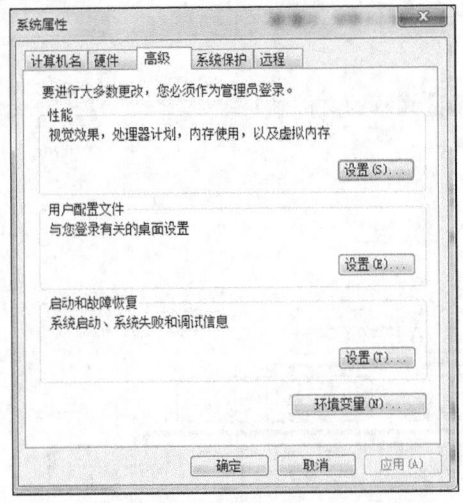

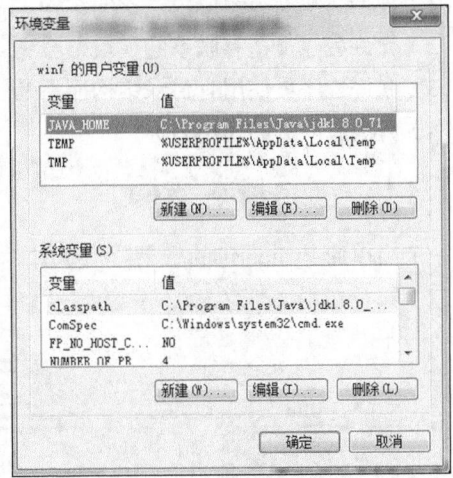

图 7-2　系统属性对话框　　　　　　　　　　　图 7-3　环境变量设置对话框

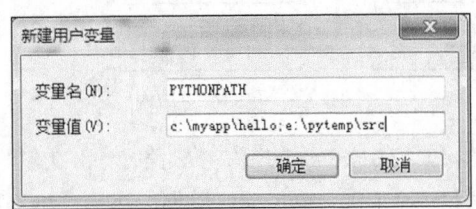

图 7-4　新建环境变量

"sys.path" 列表在程序启动时，自动进行初始化，用户可在代码中随意对其执行添加或删除操作。例如：

```
>>> from sys import path        #导入 path 变量
>>> path                        #显示当前搜索路径，已经显示了新添加的 PYTHONPATH 环境变量值
['', 'C:\\Python32\\Lib\\idlelib', 'c:\\myapp\\hello', 'e:\\pytemp\\src', 'C:\\Win
dows\\system32\\python32.zip', 'C:\\Python32\\DLLs', 'C:\\Python32\\lib', 'C:\\Python3
2', 'C:\\Python32\\lib\\site-packages']
>>> del path[2]                 #删除'c:\\myapp\\hello'搜索路径
>>> path
['', 'C:\\Python32\\Lib\\idlelib', 'e:\\pytemp\\src', 'C:\\Windows\\system32\\pyth
on32.zip', 'C:\\Python32\\DLLs', 'C:\\Python32\\lib', 'C:\\Python32', 'C:\\Python32\\l
ib\\site-packages']
>>> path.append(r'e:\temp')     #添加一条搜索路径
>>> path
['', 'C:\\Python32\\Lib\\idlelib', 'e:\\pytemp\\src', 'C:\\Windows\\system32\\pyth
on32.zip', 'C:\\Python32\\DLLs', 'C:\\Python32\\lib', 'C:\\Python32', 'C:\\Python32\\l
ib\\site-packages', 'e:\\temp']
```

7.3　包

在大型系统中，通常会根据代码功能将模块文件放在多个目录中。在导入这种位于目录中的模块文件时，需要指定目录路径。Python 将存放模块文件的目录称为包。包是一个有层次的文件目录结构，其定义了一个由模块和子包组成的 Python 应用程序执行环境。包可以解决如下问题。

（1）把命名空间组织成由层次的结构。

（2）允许程序员把有联系的模块组合到一起。

（3）允许程序员使用有目录结构而不是一大堆杂乱无章的文件。

（4）解决有冲突的模块名称。

7.3.1 包的基本结构

一个简单的 Python 包的目录结构如图 7-5 所示。

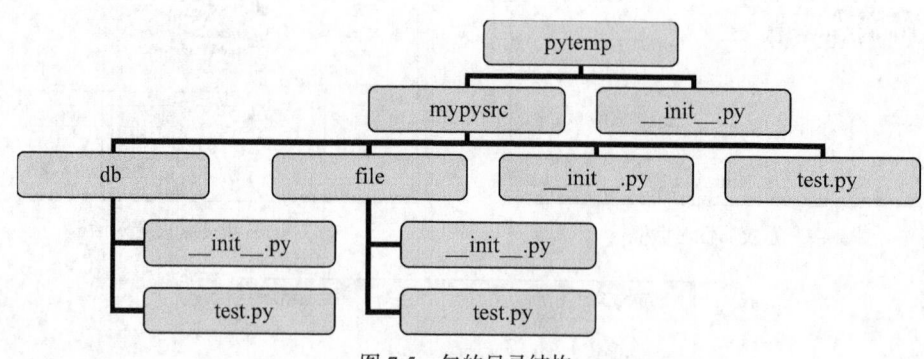

图 7-5　包的目录结构

包的顶层目录 pytemp 应该包含在 Python 的模块搜索路径中。在包的各个子目录中，必须包含一个 __init__.py 文件，包的顶层目录不需要 __init__.py 文件。__init__.py 文件可以是一个空文件，或者在其中定义 __all__ 列表指定包中可导入的模块。这个文件是用来初始化对应模块的。通过 from-import 语句导入子句时需要用到该文件。如果不是通过这种方式导入的，则这个文件可以是空文件。

7.3.2 包的导入

包的导入包括绝对路径导入和相对路径导入两种。

1. 导入包

导入包中的模块，需要指明包的路径，在路径中使用点号分隔目录。

假设 db 目录中的 "test.py" 文件代码如下。

```
#Pytemp/mypysrc/db/test.py
x=100
def show():
    print('这是模块 "Pytemp\mypysrc\db\\test.py" 中的 show()函数中的输出！')
print('模块 "Pytemp\mypysrc\db\\test.py" 执行完毕！')
```

在交互模式下导入这个模块。

```
>>> import pytemp.mypysrc.db.test
模块 Pytemp\mypysrc\db\test.py 执行完毕！
>>> pytemp.mypysrc.db.test.show()
这是模块 "Pytemp\mypysrc\db\test.py" 中的 show()函数中的输出！
>>> from pytemp.mypysrc.db.test import show    #从包中的模块导入变量名
>>> show()
这是模块 "Pytemp\mypysrc\db\test.py" 中的 show()函数中的输出！
```

2. 相对导入

Python 总是在搜索路径中查找包。相对导入是 Python 对 from 语句的扩展，用于在模块文件中使用相对路径来导入包中的模块。在模块路径中， "."表示 from 导入命令的模块文件所在的路径， ".."表示包含 from 导入命令的模块文件所在路径的上一级目录。

例 7.12 使用 "."执行相对导入。

在包 mypysrc 中有模块文件 reltest.py，其代码如下。

```
#Pytemp/mypysrc/reltest.py
import os
print('当前工作目录为:',os.getcwd())

from .db.test import show       #使用相对路径导入
show()
print('相对导入测试完毕!')
```

在 mypysrc 的子包 db 中有模块文件 test.py，其代码文件如下。

```
#Pytemp/mypysrc/db/test.py
x=100
def show():
     print('这是模块 Pytemp\mypysrc\db\\test.py 中的 show()函数中的输出!')
print('模块 Pytemp\mypysrc\db\\test.py 执行完毕!')
```

在交互模式下导入 reltest.py:，代码如下。

```
>>> import pytemp.mypysrc.reltest    #导入模块
当前工作目录为: C:\Python32
这是模块 Pytemp\mypysrc\db\test.py 中的 show()函数中的输出!
相对导入测试完毕!
```

从中可以看到导入时执行了 reltest.py 中的代码，在其中使用了相对路径导入了子目录 db 中 test.py 文件中的 show() 函数。

例 7.13 使用 ".."执行相对导入。

在包 mypysrc 中有模块文件 test.py，其代码如下。

```
#Pytemp/mypysrc/test.py
x=100
def show():
     print('这是模块 Pytemp\mypysrc\\test.py 中的 show()函数中的输出!')
print('模块 Pytemp\mypysrc\\test.py 执行完毕!')print('相对导入测试完毕!')
```

在 mypysrc 的子包 db 中有模块文件 reltest_up.py，其代码文件如下。

```
#Pytemp/mypysrc/db/reltest_up.py
from ..test import show       #使用相对路径导入
show()
print('模块 Pytemp/mypysrc/db/reltest_up.py 执行完毕!')
print('相对导入测试完毕!')
在交互模式下导入 reltest_up.py:
>>> import pytemp.mypysrc.db.reltest_up
模块 Pytemp\mypysrc\test.py 执行完毕!
这是模块 Pytemp\mypysrc\test.py 中的 show()函数中的输出!
模块 Pytemp/mypysrc/db/reltest_up.py 执行完毕!
相对导入测试完毕!
```

从中可以看到导入时执行了子目录 db 中的 reltest_up.py 中的代码，在其中使用了相对路径导入了上一级目录 mypysrc 中 test.py 文件中的 show() 函数。

小　结

本章主要讲解了以下几个知识点。

（1）命名空间。命名空间是从名称到对象的映射。Python 中有 3 类命名空间：内建命名空间、全局命名空间和局部命名空间。不同的命名空间中的名称是没有关联的。

（2）模块。模块是把一组相关的名称、函数、类或它们的组合组织到一个文件中。一个文件被看作一个独立的模块，一个模块也可以被看作一个文件。模块的文件名就是模块的名字加上扩展名.py。

（3）模块导入。模块导入可以使用 import 语句导入整个模块或者使用 from-import 语句导入指定模块的变量、函数或者类等。

（4）包。包是一个有层次的文件目录结构，它定义了一个由模块和子包组成的 Python 应用程序执行环境。

习　题

看程序写结果。

1. 两个文件：module1.py 和 module2.py。

module1.py 的代码如下。

```
#module1.py
astring='abc'
def display():
    print('astring from module1:',astring)
```

module2.py 的代码如下。

```
#module2.py
import module1 as m
m.display()
astring='123'
print('astring from module2:',astring)
m.display()
print('-------------------------------')
m.display()
m.astring='123'
print('astring from module2:',astring)
m.display()
```

现在执行 module2.py 脚本，其输出结果是什么？

2. 两个文件：module3.py 和 module4.py。

module3.py 的代码如下。

```
#module3.py
class Reference:
    count=0
    def __init__(self):
        Reference.count+=1
        print('count:',Reference.count)
```

module4.py 的代码如下。

```
#module4.py
import module3 as m1
r1=m1.Reference()
import module3 as m2
r2=m1.Reference()
r3=m2.Reference()
```

现在执行 module4.py 脚本，其输出结果是什么？

第8章
文件

本章要点

■ 掌握文件的打开和关闭。
■ 掌握文件的读写。
■ 掌握文件的备份和删除。
■ 掌握文件夹的创建和删除。

在前面的章节中所用到的输入和输出都是以终端作为对象的，即从终端键盘输入数据，运行结果输出到终端上。本章将介绍程序设计中一个重要概念——文件，其是一个非常常用的、用于存储数据的媒介。在实际的应用程序开发过程中经常会涉及对文件的操作，因此，本章将重点介绍对文件的操作，包括文件的打开与关闭，文件的读写，文件的备份和删除，以及文件夹的创建和删除等内容。

8.1 文件的打开与关闭

和其他高级语言一样，对文件读写之前应该"打开"文件，在使用结束之后应"关闭"该文件。

在实际的应用程序开发过程中，凡是提到文件操作，必然涉及文件的打开和创建。在 Python 中，可以用 open 和 file 内建函数打开文件。它们具有相同的功能，可以任意替换。所以，这里以 open 函数为例来介绍文件的打开。

一般情况下，使用 open 函数时只需传入文件名参数，而无须添加其他任何参数，就可以获取文件的内容。但是如果要向文件写入内容，就必须指定一个访问模式参数，用来声明将对文件进行什么样的操作。该函数会返回一个指定的文件对象，open 函数的使用语法如下。

```
open(filename,accessmode='r',buffering=-1)
```

其中，filename 参数表示要打开的文件名；accessmode 是一个可选的参数，表示打开的文件读写模式，其值是一个字符串，默认值是"r"，即只读模式；buffering 也是一个可选参数，用于指示方位文件所采用的缓冲方式，0 表示不缓冲，1 表示只缓冲一行数据，任何其他大于 1 的值表示使用给定值作为缓冲大小。buffering 给定负值代表使用系统默认缓冲机制，该参数的默认值为 −1。文件读写模式有如下几种。

（1）w：写文件，创建新文件。若文件已存在，原来的文件被覆盖。

（2）a：以追加方式写文件。若文件存在，写入的数据默认添加到文件末尾。文件不存在时会创建新文件。

（3）r：读文件，省略文件读写模式时，默认为读文件。

（4）b：组合使用(wb、ab、rb)，表示读写二进制文件，未使用时读写文本文件。

（5）+：用在模式末尾，表示打开文件后可同时进行读、写操作，如 w+、r+。

文件读写模式中使用"b"表示访问二进制文件，否则为文本文件。文本文件存储的是字符的 ASCII 码，二进制文件存储的是数据的二进制代码。文本文件读写的是字符串，二进制文件读写的是 bytes 字符串。打开文件后，Python 用一个文件指针指示当前读写位置。以 w 或 a 方式打开文件时，文件指针指向文件末尾；以 r 打开文件时，文件指针指向文件开头。

下面通过一个例子来说明 open 函数的用法。

例 8.1　open 函数。

```
def testOpen():
    try:
        f1=open('D:\\a.txt')
        f2=open('D:\\b.txt','w')
        f3=open('D:\\c.txt','a+')
        print('文件成功打开!')
        #对文件操作
    except IOError as e:
        print(e)
        exit()
    finally:
        #关闭文件
        f1.close()
        f2.close()
        f3.close()
        print('文件成功关闭!')
testOpen()
```

当文件都存在时，程序运行结果如下。

```
>>>
文件成功打开!
文件成功关闭!
```

当 a.txt 文件不存在时，程序抛出 IOError 异常。当 b.txt 和 c.txt 文件不存在时，系统会创建这两个文件。文件打开和读写操作都放在 try 语句块中，然后在 except 子句捕获异常，最后在 finally 子句中关闭打开的文件。关于异常将在后面章节专门介绍。

从以上程序可以看出，Python 提供了 close 函数关闭文件，一般形式如下。

```
fileRef.close()
```

其中，fileRef 是指向所打开的文件的引用变量。在使用完一个文件后应该关闭它，以防止它再次被误用。"关闭"就是使指向该文件对象的引用不再指向该文件，也就是文件引用变量与文件对象"脱钩"，以后不能再通过该引用对原来与其相联系的文件进行读写操作，除非再次打开，使该文件引用变量重新指向该文件。

8.2 文件的读写

文件打开之后，就可以对其进行读写操作了。常用的读写函数如下所述。

8.2.1 文件的读取

将文件的内容读入到计算机内存有 3 个函数，分别是 read()、readline() 和 readlines() 函数。它们对文件的读取方式各不相同，其中，read() 函数可一次性读取数据，readline() 函数按行读取数据，而 readlines() 函数则以多行的方式一次性读取数据。下面将分别介绍这 3 个函数。

1. read() 函数

read() 函数可以一次性将文件中的所有数据读取出来。这是最简单的文件读取方式。该函数的一般调用格式如下。

```
content=fileRef.read([size])
```

其中，size 参数表示读取该文件中的前几个字节的数据。该参数是一个可选参数，不指定（默认值 -1）或指定负值，将读取文件的所有内容。

下面通过一个例子来说明 read() 函数的用法。

例 8.2　read 函数。

```
def testRead():
    try:
        f=open('D:\\a.txt','r')
        content=f.read()
        print('未指定 read 函数的 size 参数:',content)
        f.seek(0)          #该行的作用是把位置指针移回到文件内容的起始处
        conOneByte=f.read(5)
        print('指定 read 函数的 size 参数为 5 字节: ',conOneByte)
    except IOError as e:
        print(e)
    finally:
        f.close()

testRead()
```

假设 D 盘下 a.txt 文件的内容第一行 "abc 回车换行\r\n"，第二行 def（无回车换行符），则输出结果如下。

```
>>>
未指定 read 函数的 size 参数: abc
def
指定 read 函数的 size 参数为 5 字节:  abc
d
```

当不指定要读取的字节数且此时位置指针指向该文件内容起始处，默认读取所有的内容，所以输出的内容和文件内容一致。此时位置指针移到文件内容最后一个字符 f 的后面，需要使用 seek() 函数把位置指针移到文件内容的起始处，否则读取不到文件的内容。然后指定读取的字节数为 5，因为该文件是文本文件，一个字节对应一个字符，且读取文本文件会把回车换行符（\r\n）

转换为一个换行符 (\n)，所以输出的结果为：第一行 abc，包括\n 换行符，第二行 d 共 5 个字符。

2. readline() 函数

readline() 函数也可以读取文件的内容，但它的读取方式不同于 read() 函数。它每次只读取文件中的一行数据，其一般调用格式如下。

```
content=fileRef.readline([size])
```

这里的 size 参数也是一个可选参数，但与 read() 函数中的有些不同，其表示读取当前位置指针指向的行的前几个字节的数据，不指定（默认值-1）或指定负值，将读取当前位置指针指向的行的所有内容。把例 8-2 的 read() 函数改为 readline() 函数，并把 f.seek(0) 行代码注释掉，则程序运行结果如下。

```
>>>
未指定 read 函数的 size 参数：abc
指定 read 函数的 size 参数为 5 字节： def
```

当刚打开文件时，位置指针指向第一行开头。不指定读取当前行的前几个字符，默认就读取当前行的所有字符，包含换行符，所以输出结果为 abc，并有换行效果。此时位置指针指向第二行开头，当指定读取当前位置指针指向行的前 5 个字节的数据时，而此行只有 3 个字符，将其全部输出，结果就是 def。

3. readlines()函数

该函数和前面介绍的两个文件读取函数又有些不同，其是一次性读取当前位置指针指向处后面的所有内容，函数返回的是一个由每行数据组成的一个列表，通常使用迭代的方式读取其中的内容。该函数的一般调用格式如下。

```
listContent=fileRef.readlines()
```

该函数没有参数。把例 8.2 的程序修改成如下所示。

例 8.3 readlines 函数。

```
def testReadlines():
    try:
        f=open('D:\\a.txt','r')
        #读取第一行的内容
        f.readline()
        listContent=f.readlines()
        for oneLine in listContent:
            print(oneLine)
    except IOError as e:
        print(e)
    finally:
        f.close()

testReadlines()
```

假设此时 D 盘下 a.txt 文件前 5 行的内容分别是 abc、def、ghi、jkl、mno，程序先使用 readline() 函数读取第一行的内容，此时位置指针指向第二行的开头，然后使用 readlines() 函数把剩下的内容全部读取出来，并赋给 listContent 变量。此时，listContent 变量的每个元素都有 4 个字符（含最后的换行符）。再通过 for 循环把循环把它们输出（有换行效果），其输出结果如下。

```
>>>
def
```

```
        ghi

        jkl

        mno
```

上面介绍的都是读取文本文件，那么这些函数又是如何读取二进制文件的呢？下面通过一个例子说明。假设 D 盘下有"a.png"的图片文件（二进制文件中的其中一个）。

例 8.4　读取二进制文件。

```
import codecs
def testReadBinaryFile():
    try:
            #打开文件方式为 rb（读取二进制文件）
            f=open('D:\\a.png','rb')
            index=0
            print('-----------以下是 a.png 文件的数据（十六进制格式）-----------')
            while True:
                    #每次读取一个字节
                    temp=f.read(1)
                    if len(temp)==0:
                            break
                    else:
                            #将读取的数据转换为十六进制的数据
                            print("%3s "%codecs.encode(temp, 'hex_codec').decode('utf-8'),end='')
                            index=index+1
                    #控制每行输出 16 组数据
                    if index==16:
                            index=0
                            print()
    except IOError as e:
            print(e)
    finally:
            f.close()

testReadBinaryFile()
```

程序的运行结果如图 8-1 所示（部分数据）。

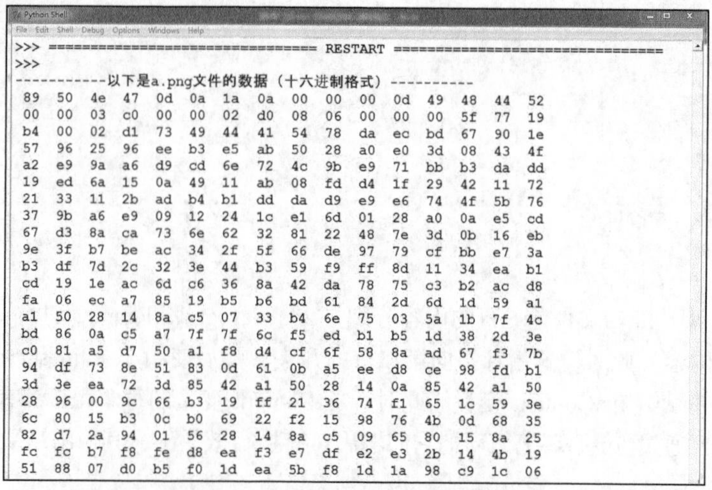

图 8-1　读取二进制文件输出的结果

8.2.2 文件的写入

将文件的内容写入到文件中的函数有两个，分别是 write()、writelines() 函数。这两个函数的区别在于操作的对象不同，write() 函数是把一个字符串写入到文件中，而 writelines() 函数则是把列表中的字符串内容写入到文件中。注意这里并没有 writeline() 函数，因为它等价于 write() 函数，只是把以换行符结束的单行字符串写入文件。下面将分别介绍这两个函数。

1. write()函数

write() 函数是把一个字符串写入到文件中。在使用该函数前，open 函数不能以 r 的方式打开一个文件。该函数的一般调用格式如下。

```
fileRef.write(content)
```

其中，content 参数表示要写入的内容，可以是一个字符串或指向字符串对象的变量，甚至还可以是它们组成的合法的字符串表达式。

下面通过一个例子来说明其用法。

例 8.5   write 函数。

```
def testWrite():
    try:
        #打开文件方式为'w+'
        f=open('D:\\b.txt','w+')
        f.write('Python is great!')
        f.write('I agree!')
        f.write('\n')
        #通过write函数模拟writeline函数
        f.write('So,I will try my best to learn Python well!\n')
        print('写入成功')
        #读取其内容并输出
        f.seek(0)
        content=f.read()
        print('写入内容如下：')
        print(content)
    except IOError as e:
        print(e)
    finally:
        f.close()

testWrite()
```

程序第一次调用 write 函数把 Python is great!写入到 b.txt 文件中，此时位置指针指向感叹号的后面；第二次调用 Write 函数时把 I agree!写到感叹号的后面；第三次写入一个换行符，此时位置指针指向第二行的开头；第四次调用时，直接把换行符加到所要写入的字符串后面，模拟 writeline 函数。然后调用 seek 函数，把位置指针重新指向文件内容的起始处，再通过 read 函数读取已经写入的所有内容并输出，输出结果如下。

```
>>>
写入成功
```

写入内容如下：

```
Python is great!I agree!
So,I will try my best to learn Python well!
```

2. writelines()函数

writelines() 函数也可以用于对文件进行写入操作。与 write 函数不同的是，该函数是把一个列表的内容都写入到文件中。该函数的一般调用格式如下。

```
fileRef.writelines(strList)
```

该函数接受一个字符串列表作为参数，将它们写入到文件中。

例 8.6 writelines 函数。

```
def testWritelines():
    try:
        #打开文件方式为'w+'
        f=open('D:\\b.txt','w+')
        strList=['Python is great!\n','I agree!\n','So,I will try my best to learn Python!']
        f.writelines(strList)
        print('写入成功')
        #读取其内容并输出
        f.seek(0)
        content=f.read()
        print("写入内容如下: ")
        print(content)
    except IOError as e:
        print(e)
    finally:
        f.close()

testWritelines()
```

该程序定义了一个包含 3 个字符串元素的列表，前两个字符串都以换行符结束，如此将以分行的形式存储它们。然后调用 seek 函数，把位置指针重新指向文件内容的起始处，再通过 read 函数读取前面写入的所有内容，并将其输出，输出结果如下。

```
>>>
写入成功
```

写入内容如下：

```
Python is great!
I agree!
So,I will try my best to learn Python!
```

8.2.3 文件存储 Python 对象

如果直接用文本文件或二进制文件格式存储 Python 中的各种对象，则通常需要进行烦琐的转换。可以使用 Python 标准模块 pickle 处理文件中对象的读写。

例 8.7 文件存储对象示例。

```
>>> x=[1,2,'abc']        #创建列表对象
>>> y={'name':'John','age':25}        #创建字典对象
>>> myfile=open(r'e:\pytemp\objdata.bin','wb')        #以 wb 方式打开文件
>>> import pickle                #导入 pickle 模块
```

```
>>> pickle.dump(x,myfile)          #将列表对象写入文件
>>> pickle.dump(y,myfile)          #将字典对象写入文件
>>> myfile.close()                 #关闭文件
>>> myfile=open(r'e:\pytemp\objdata.bin','rb')   #重新以 rb 方式打开文件
>>> myfile.read()                  #读出文件中的全部内容
b'\x80\x03]q\x00(K\x01K\x02X\x03\x00\x00\x00abcq\x01e.\x80\x03)q\x00(X\x03\x00\
x00\x00ageq\x01K\x19X\x04\x00\x00\x00nameq\x02X\x04\x00\x00\x00Johnq\x03u.'
>>> myfile.seek(0)                 #将文件指针移动到文件开头
0
>>> x=pickle.load(myfile)          #存储文件对象
>>> x
[1, 2, 'abc']
>>> y=pickle.load(myfile)          #存储文件对象
>>> y
{'age': 25, 'name': 'John'}
```

在读写文件时，相应的文件夹必须事先存在，如果不存在将抛出异常。

用文件来存储程序中的各种对象称为对象的序列化。序列化操作可以保存程序运行中的各种数据，以便恢复运行状态。

8.3　文件的备份和删除

文件备份（复制）和删除是两个很常用的文件操作功能，下面将分别介绍各自在 Python 中的程序实现。

8.3.1　文件的备份

在 Python 中，文件备份完全可以通过前面介绍的文件读写操作来实现。下面用一个例子来说明如何通过文件的读写操作实现文件的备份功能。为了和接下来介绍的 copyfile 函数对比，我们把 D 盘下文件大小为 79.1MB 的 a.mp4 文件备份到 E 盘下，同时输出备份所需的时间。

例 8.8　通过 read 和 write 函数实现文件备份。

```
import time        #导入 time 模块
def testFileBackup():
    try:
        starttime=time.time()       #备份前的时间戳
        fsrc=open('D:\\a.mp4','rb')
        fdest=open('E:\\a.mp4','wb+')
        print('文件备份中...')
        content=fsrc.read()
        fdest.write(content)
        print('文件备份成功')
        finishtime=time.time()        #成功备份后的时间戳
        totaltime=finishtime-starttime     #两时间戳相减即为备份所用时间
        print('备份所需时间(单位:s):',totaltime)
```

```
        except IOError as e:
            print(e)
        finally:
            fsrc.close()
            fdest.close()
testFileBackup()
```

程序先导入 time 模块，以使用其 time() 函数获取当前时间戳，然后调用 time() 函数记录备份前的时间戳。接着打开 D 盘下的 a.mp4 文件，并在 E 盘下创建 a.mp4 文件，读取 D 盘下 a.mp4 文件内容，将其写到 E 盘下刚创建的 a.mp4 文件。写完数据后再次调用 time() 函数记录成功备份后的时间戳，两时间戳相减即为备份所用时间，并将其输出，程序运行结果如下。

```
>>>
文件备份中...
文件备份成功
备份所需时间(单位:s): 2.059000015258789
```

可以看到，备份大小为 79.1MB 的文件所需时间约为 2.1 秒。当然，这和系统的硬件以及备份的位置有关。

除了这种方式以外，还有其他更简便、高效的文件备份方式：在 Python 中提供了 shutil 模块，这个模块是一个高级的文件操作工具，其提供的函数更便捷高效地实现文件的备份等操作。我们以 copyfile 函数为例来说明文件的备份。该函数有两个参数，其中，参数 src 表示需要复制文件的地址，参数 dest 表示文件复制的目的地址。使用该函数时需要手动导入 shutil 模块。下面的例子用 shutil 模块实现了例 8.8 同样的功能。

例 8.9 使用 copyfile 函数实现文件备份。

```
import shutil
import time
def testFileBackup():
    try:
        starttime=time.time()        #备份前的时间戳
        shutil.copyfile('D:\\a.mp4','E:\\a.mp4')
        print('文件备份成功')
        finishtime=time.time()        #成功备份后的时间戳
        totaltime=finishtime-starttime     #两时间戳相减即为备份所用时间
        print('备份所需时间(单位:s):',totaltime)
    except IOError as e:
        print(e)

testFileBackup()
```

程序运行结果如下。

```
>>>
文件备份成功
备份所需时间(单位:s): 0.7330000400543213
```

可以看到，通过 copyfile 函数备份相同文件，且备份地址也相同，其所需时间仅约为 0.7s，与通过 read() 和 write() 函数实现的文件备份所需时间整整相差一个数量级。

8.3.2　文件的删除

在介绍文件删除之前，我们先看看删除文件需要用到的 os 模块。Python 标准库中的 os 模块包含了普通的操作系统功能。该模块提供了统一的操作系统接口函数，这些接口函数通常是指定了操作平台的，os 模块能在不同操作系统平台下在特定函数间进行自动切换，从而能实现跨平台操作。表 8-1 列出了 os 模块中比较常用的函数。

表 8-1　　　　　　　　　　　　　　os 模块的常用函数

函　　数	说　　明
os.getcwd()	得到当前工作目录，即当前 Python 脚本的目录路径
os.listdir(dirname)	列出 dirname 下的目录和文件
os.remove(name)	删除 name 文件
os.chdir(dirname)	把工作目录改为 dirname
os.mkdir(dirname)	创建一级目录的文件夹
os.rmdir(dirname)	删除非空文件夹
os.makedirs(dirname)	创建多级目录的文件夹
os.path.isdir(name)	判断 name 是不是一个目录，不是则返回 false
os.path.exists(name)	判断 name 文件或目录是否存在
os.path.isfile(name)	判断 name 是不是一个文件，不是则返回 false
os.path.getsize(name)	获得文件大小，如果 name 是目录则返回 0

删除文件需要用到其中的 remove 函数。该函数含有一个参数，表示所要删除文件的地址，使用该函数时，需要先把 os 模块导入到当前程序中。下面通过一个例子来说明文件的删除。

例 8.10　文件删除。

```
import os
def testFileRemove():
    try:
        filename='E:\\a.mp4'
        isExist=os.path.exists(filename)
        if isExist:
            os.remove(filename)
            print('文件删除成功')
        else:
            print('所要删除的文件不存在')
    except Exception as e:
        print(e)

testFileRemove()
```

该程序首先调用 os 的子模块 path 的 exists 函数判断所删除的文件是否存在，如果存在，则将其删除，否则提示所要删除的文件不存在。

8.4　文件夹的创建和删除

下面分别介绍在 Python 中是如何通过程序来实现文件夹的创建和删除的。

8.4.1　文件夹的创建

创建文件夹可以通过 mkdir 函数或者 makedirs 函数来实现。这两个函数的区别在于调用一次

mkdir 函数只能创建一个一级目录的文件夹，即文件夹里不能含有子文件夹，而 makedirs 函数则可以一次创建多级目录的文件夹。这两个函数都是 os 模块的函数。下面通过一个例子来说明文件夹的创建。

例 8.11　文件夹的创建。

```
import os
def testCreateDir():
    try:
        dirname='D:\\test'
        multipledirname='D:\\first\\second\\third'
        isExist=os.path.exists(dirname)
        if isExist:
            print(dirname,'文件夹已存在')
        else:
            os.mkdir(dirname)
            print('调用mkdir函数成功创建一级目录的文件夹')

        isExist=os.path.exists(multipledirname)
        if isExist:
            print(multipledirname,'文件夹已存在')
        else:
            os.makedirs(multipledirname)
            print('调用makedirs函数成功创建多级目录的文件夹')
    except Exception as e:
        print(e)

testCreateDir()
```

该程序先调用 exists 函数判断 D 盘下是否有 test 文件夹，如果有则提示该文件夹已存在，否则调用 mkdir 函数创建 test 文件夹。创建多级目录的文件夹操作是一样的，注意，如果文件夹已经存在，但还是调用 mkdir 或者 makedirs 函数试图再次创建则会抛出异常。

8.4.2　文件夹的删除

删除文件夹可以通过 rmdir 或者 rmtree 函数来实现。它们的区别在于前者只能删除空的文件夹，而后者可以删除非空的文件夹。此外，rmdir 函数是 os 模块的函数，而 rmtree 函数是 shutil 模块的函数。

下面通过一个例子来说明文件夹的删除。

例 8.12　文件夹的删除。

```
import os
import shutil
def testRemoveDir():
    try:
        dirname='D:\\test'
        multipledirname='D:\\first\\second\\third'
        isExist=os.path.exists(dirname)
        if isExist:
            os.rmdir(dirname)
            print('调用rmdir函数成功删除空文件夹')
        else:
            print(dirname,'文件夹不存在')
```

```
            isExist=os.path.exists(multipledirname)
            if isExist:
                    shutil.rmtree(multipledirname)
                    print('调用 rmtree 函数成功删除非空文件夹')
            else:
                    print(multipledirname,'文件夹不存在')
     except Exception as e:
            print(e)

testRemoveDir()
```

该程序先调用 exists 函数判断 C 盘下是否有 test 文件夹，如果没有则提示该文件夹不存在，否则调用 rmdir 函数删除 test 文件夹。对于删除非空文件夹，操作是同样的。注意：如果文件夹不存在，但还是调用 rmdir 或者 rmtree 函数试图再次删除会抛出异常。

小　　结

本章主要讲解了以下几个知识点。

（1）文件的打开与关闭。打开文件是使用 open 函数实现的，使用该函数时通常要指定的打开的方式，如 w 表示只能向打开的文本文件写入内容，rb 表示只能读取文件的内容等。注意：文件也可以以二进制的方式打开。关闭文件可以使用 close 函数实现，应该养成在程序终止之前关闭所有文件的习惯，否则可能会丢失数据。

（2）文件的读写。文件的读取有 3 个函数，它们分别是 read()、readline() 和 readlines() 函数，其中，read() 函数可一次性读取位置指针后面的所有数据，readline() 函数是按行读取数据，而 readlines() 函数则以多行的方式一次性读取位置指针后面的所有数据。将内容写入到文件中有两个函数，它们分别是 write() 和 writelines() 函数，前者是把一个字符写入到文件中，而后者则是把列表中的字符串内容写入到文件中。

（3）文件的备份和删除。文件备份可以通过的读写操作实现，也可以通过 shutil 模块的函数实现。文件删除通过 os 模块的 remove 函数实现。

（4）文件夹的创建和删除。文件夹的创建可以通过 os 模块的 mkdir 函数或者 makedirs 函数来实现。文件夹的删除通过 os 模块的 rmdir 函数或者 shutil 模块的 rmtree 函数来实现。

习　　题

一、看程序写结果

假设 D 盘的 a.txt 文件有 3 行数据，其中，第一行 abc（有换行符），第二行 def（有换行符），第三行：ghi。

```
def testRead():
    try:
        f=open('D:\\a.txt','r+')
        content=f.read(1)
```

```
            print(content)
            content=f.readline()
            print(content)
            content=f.readlines()
            for con in content:
                print(con)
        except IOError as e:
            print(e)
        finally:
            f.close()
testRead()
```

二、上机练习

1. 输入一个字符串，将其中的小写字母转为大写字母，然后写入 test.txt 文件中（提示：使用 upper 函数）。

2. 编写一个程序生成列表[11，22，33，44，55]，将其写入文件 listdata.dat。然后从文件中读出该列表，用 print() 函数输出，输出结果如下。

```
[11, 22, 33, 44, 55]
```

第9章
面向对象编程

本章要点

- 理解 Python 的面向对象。
- 掌握类、对象以及它们之间的关系。
- 掌握类、对象的属性和方法。
- 掌握类的组合、继承与派生。
- 掌握类的重载与多态。
- 掌握异常捕获的方式。
- 掌握抛出异常和自定义异常。

面向对象是现代高级程序设计语言的特点之一，类为 Python 提供了面向对象的编程功能，通常用于开发大型系统时效率更高。本章将深入学习 Python 的面向对象开发技术。

9.1　理解 Python 的面向对象

Python 的面向对象技术支持类、对象、继承、重载、多态等面向对象编程的特点，但与一般的面向对象语言如 C++、Java 等又有所不同。

9.1.1　Python 的类

在 Python 中，类使用 class 语句来定义。在类的代码中包含了一系列语句，比如，用赋值语句创建变量，用 def 定义函数等。因此，类就像函数和模块，是 Python 的程序组成单元。从面向对象的角度看，类封装了对象的行为、属性和数据。Python 的类中的变量就是对象的数据、属性，函数就是对象的行为，又称为方法。Python 类具有下列主要特点。

- 类定义了新的命名空间，类中的变量和函数的作用域就是类的命名空间。
- 类是对象的模板，对象是类的实例。一个类可以有多个实例对象，每个实例对象拥有自己的命名空间。
- 类支持继承，通过继承对类进行扩展。
- 支持运算符重载。通过内置的特定方法，可以使类的对象支持内置类型的各种运算。
- 在 Python 3.x 中，类是一种数据类型，是内置的 type 类的实例对象。

9.1.2　Python 中的对象

在 Python 中一切都是对象，包括前面讲过的整数对象、小数对象、字符串对象、函数对象、模块对象等。例如下列代码中的字符串是一种对象。

```
>>> x='abcd'          #使变量 x 引用字符串对象
>>> x.isalpha()       #调用字符串对象的方法
True
```

这里，x 是一个变量名，其引用了一个字符串对象，然后调用了字符串对象的方法。

在 Python 的对象模型中，有两种对象：类对象和实例对象。类对象是在执行 class 语句时创建的，而实例对象是在调用类的时候创建的。每调用一次类，便创建一个实例对象。类对象只有一个，而实例对象可以有多个。类对象和每个实例对象都分别拥有自己的命名空间，在各自的命名空间内存储属于自己的数据。

1.　类对象

类对象具有以下主要特点。

- Python 执行 class 语句时创建一个类对象和一个变量即类名称，变量引用类对象。与 def 类似，class 也是可执行语句。导入类模块时，class 语句被执行，创建类对象。
- 类中的赋值语句创建的变量是类的数据属性。与模块类似，类中的顶层赋值语句创建的变量才属于类对象。类的数据用 "对象名.属性名" 格式来访问。
- 类中的 def 语句定义的函数是类的方法 ，用 "对象名.方法名()" 格式类访问。
- 类的数据和方法由所有的实例对象共享。

2.　实例对象

实例对象的特点如下。

- 实例对象通过调用类对象来创建，就像调用函数一样来调用类对象。
- 每个实例对象继承类对象的属性，获得自己的命名空间。
- 实例对象拥有 "私有" 属性。类的方法函数的第一个参数默认为 self，表示引用方法的对象实例。在方法中对 self 的属性赋值才会创建属于实例对象的属性。

9.2　定义和使用类

与 C++、Java 等相比，Python 提供了更简洁的方法类来定义和使用类。

9.2.1　定义类

类定义的基本格式如下。

```
class 类名:
    赋值语句
    赋值语句
    ……
    def 语句定义函数
    def 语句定义函数
    ……
```

各种语句的先后顺序没有关系。下面的例子演示了在交互模式下定义的类。

例 9.1　类的定义示例。

```
>>> class class1:
data=100
def setPdata(self,value):
    self.pdata=value
def showPdata(self):
    print('self.pdata=',self.pdata)
print('类class1加载完成!')


类class1加载完成!
>>>
```

这里定义了一个 class1 类。它有一个数据属性 data 和两个方法属性 setPdata()、showPdata()。类最后的 print() 函数被执行。类中定义的方法的参数列表至少有一个参数，通常把第一个参数指定为 self。它表示所创建的对象，在 Java 语言中相当于 this。

9.2.2　使用类

class 语句执行后，类对象即被创建，进一步可以使用类对象来访问类的属性、创建实例对象。

例 9.2　类的使用示例一。

```
>>> type(class1)          #测试类对象的类型，Python 中所有类对象都是 type 类型
<class 'type'>
>>> class1.data           #使用类对象的属性
100
>>> class1.showPdata()    #试图调用方法，类的方法需要通过实例对象来调用，所以报错
Traceback (most recent call last):
  File "<pyshell#12>", line 1, in <module>
    class1.showPdata()    #试图调用方法，类的方法需要通过实例对象来调用，所以报错
TypeError: showPdata() takes exactly 1 argument (0 given)
```

　　　　类的方法的第一个参数为 self 时，通常不能通过类对象直接调用，因为它代表实例对象，只能通过实例对象来调用方法。

例 9.3　类的使用示例二。

```
>>> x=class1()            #调用类创建第一个实例对象
>>> x.setPdata('abc')     #调用方法创建实例对象的数据属性 pdata
>>> x.showPdata()         #调用方法显示实例对象属性值
self.pdata= abc
>>> y=class1()            #调用类创建第二个实例对象
>>> y.setPdata(123)       #调用方法创建实例对象的数据属性 pdata
>>> y.showPdata()         #调用方法显示实例对象属性值
self.pdata= 123
```

可以看到，y 对象显示的对象属性 pdata 与第一个对象的属性没有关系。

在类顶层的赋值语句"data=100"定义了类对象的属性 data，该属性可以与实例对象共享。

例 9.4　类的使用示例三。

```
>>> x.data,y.data        #访问共享属性
(100, 100)
>>> class1.data=200      #通过类对象修改共享属性
>>> x.data,y.data        #访问共享属性
(200, 200)
```

9.2.3   实例

下面通过一个实例理解类的定义和对象的创建。

例 9.5   类的定义和对象的创建。

```
class Person(object):
    '定义了一个 Person 类'
    #重载 __init__ 方法
    def __init__(self,name,gender,age,nation):
        print('创建 Person 对象时调用__init__方法！')
        #初始化对象属性
        self.name=name
        self.gender=gender
        self.age=age
        self.nation=nation

    #定义设置对象 name 属性的方法
    def setName(self,name):
        self.name=name

    #定义设置对象 gender 属性的方法
    def setGender(self,gender):
        self.gender=gender

    #定义设置对象 age 属性的方法
    def setAge(self,age):
        self.age=age

    #定义设置对象 nation 属性的方法
    def setNation(self,nation):
        self.nation=nation

    #定义获取对象 name 属性的方法
    def getName(self):
        return self.name

    #定义获取对象 gender 属性的方法
    def getGender(self):
        return self.gender

    #定义获取对象 age 属性的方法
    def getAge(self):
        return self.age

    #定义获取对象 nation 属性的方法
    def getNation(self):
```

```
        return self.nation

    def printMessage(self):
        return '姓名:%s,性别:%s,年龄:%d,国籍:%s'%(self.name,self.gender,self.age,self.nation)
#创建一个姓名：小王，性别：男，年龄：26，国籍：中国的"中国人"
chinesePerson=Person('小王','男',26,'中国')
#创建一个姓名：Lucy，性别：女，年龄：23，国籍：美国的"美国人"
americanPerson=Person('Lucy','女',23,'美国')
#创建一个姓名：Pander，性别：男，年龄：21，国籍：德国的"德国人"
germanPerson=Person('Pander','男',21,'德国')
#分别调用上面三个对象的 printMessage 方法
print('chinesePerson 对象信息: ',chinesePerson.printMessage())
print('americanPerson 对象信息: ',americanPerson.printMessage())
print('germanPerson 对象信息: ',germanPerson.printMessage())
#通过函数的方式设置和获取 chinesePerson 的 age 属性
chinesePerson.setAge(27)
print('当前 chinesePerson 对象 age 属性的值为: ',chinesePerson.getAge())
#可以直接设置和获取 chinesePerson 对象的 age 属性
chinesePerson.age=29
print('当前 chinesePerson 对象 age 属性的值为: ',chinesePerson.age)
```

程序运行结果如下。

```
>>>
创建 Person 对象时调用__init__方法!
创建 Person 对象时调用__init__方法!
创建 Person 对象时调用__init__方法!
chinesePerson 对象信息:   姓名:小王,性别:男,年龄:26,国籍:中国
americanPerson 对象信息:   姓名:Lucy,性别:女,年龄:23,国籍:美国
germanPerson 对象信息:   姓名:Pander,性别:男,年龄:21,国籍:德国
当前 chinesePerson 对象 age 属性的值为:   27
当前 chinesePerson 对象 age 属性的值为:   29
```

　　该程序定义了一个 Person 类，类中重载了__init__方法。它是一个内建函数，在创建对象时由 Python 解析器自动调用，并且把创建对象时指定的所有参数（包括 self 参数）都传给__init__方法。该方法用于初始化对象。本程序初始化了对象的 name、gender、age、nation 这 4 个属性。此外，还定义了 getX() 和 setX()（X 代表属性名）方法分别获取和设置对象的 4 个属性。最后定义了 printMessage() 方法，输出对象的信息。紧接着程序创建了 3 个对象 chinesePerson、americanPerson、germanPerson，创建时指定了相应的参数。创建对象时会自动调用__init__方法，并且传递给定的参数。调用类的方法需要用点操作符的形式指明调用哪个对象的方法，如 germanPerson.printMessage()。获取对象的属性也可以用点操作符的形式直接获取，如 chinesePerson.age。

9.3　类、对象的属性和方法

　　类是由属性和方法组成的，其中，属性是对数据的封装，而方法是对象所具有的行为和功能。

但属性和方法又因其是属于类的还是对象的而表现出不同的特性。此外，属性和方法又可分为公有和私有。在 C++和 Java 语言中，对属性和方法的公有和私有都是通过访问修饰符来区分的。例如，公有属性和私有属性分别使用访问修饰符 public 和 private。但在 Python 中，由于没有这些访问修饰符，所以 Python 中属性和方法的公有和私有是通过标识符的约定来区分的。下面将对类、对象的属性和方法做详细介绍。

9.3.1　属性

1. 根据所属的对象分为类属性和对象属性

在类内，且在方法外定义的，无特别声明的变量称为类属性，或者称为静态属性，相当于 Java 语言中用 static 关键字声明的变量。类属性既可以通过类名来访问，又可以通过对象名来访问。对象属性要放在方法中声明，且有对象名（通常为 self）前缀时，只能通过对象名访问。

下面通过一个例子来理解类属性和对象属性。

例 9.6　类属性和对象属性。

```
class Person(object):
    '定义了一个 Person 类'
    #定义类属性并赋初值
    nation='中国'
    city='北京'
    def __init__(self,name,age):
        #定义对象属性并根据参数设置其值
        self.name=name
        self.age=age

p1=Person('小王',26)
p2=Person('小张',24)
print('通过类访问类的属性 nation:%s,city:%s'%(Person.nation,Person.city))
print('通过对象 p1 访问类的属性 nation:%s,city:%s'%(p1.nation,p1.city))
print('通过对象 p2 访问类的属性 nation:%s,city:%s'%(p2.nation,p2.city))
print('通过对象 p1 访问它的对象属性 name:%s,age:%d'%(p1.name,p1.age))
print('通过对象 p2 访问它的对象属性 name:%s,age:%d'%(p2.name,p2.age))

#为对象 p1,p2 增加属性 city(对象属性)
print('为对象 p1、p2 增加属性 city(对象属性)后')
p1.city='上海'
p2.city='广州'
print('通过类访问类的属性 nation:%s,city:%s'%(Person.nation,Person.city))
print('通过对象 p1 访问类的属性 nation:%s,city:%s'%(p1.nation,p1.city))
print('通过对象 p2 访问类的属性 nation:%s,city:%s'%(p2.nation,p2.city))
print('试图通过类 Person 访问对象的属性 name:%s,age:%d'%(Person.name,Person.age))
```

程序运行结果如下。

```
>>>
通过类访问类的属性 nation:中国,city:北京
通过对象 p1 访问类的属性 nation:中国,city:北京
通过对象 p2 访问类的属性 nation:中国,city:北京
```

```
通过对象 p1 访问它的对象属性 name:小王,age:26
通过对象 p2 访问它的对象属性 name:小张,age:24
为对象 p1、p2 增加属性 city(对象属性)后
通过类访问类的属性 nation:中国,city:北京
通过对象 p1 访问类的属性 nation:中国,city:上海
通过对象 p2 访问类的属性 nation:中国,city:广州
Traceback (most recent call last):
  File "D:/Python写书/Proj/第9章/Ex9_6.py", line 26, in <module>
    print('试图通过类 Person 访问对象的属性 name:%s,age:%d'%(Person.name,Person.age))
AttributeError: type object 'Person' has no attribute 'name'
>>>
```

该程序定义了一个 Person 类，类中定义了两个类属性 nation 和 city，并初始化为中国和北京。然后在 __init__ 方法中定义了两个对象属性 name 和 age。该程序在主函数中创建了两个对象 p1 和 p2。从程序运行结果可以看到，通过类和通过对象都可以访问类的属性 nation 和 city，输出都是"中国"和"北京"。通过对象可以访问到它们各自的对象属性。读者可能已经发现，在为对象 p1、p2 增加对象属性 city，并分别赋值为"上海"和"广州"后，再次通过对象输出属性 city，实际上输出的是对象属性，已经不再是"北京"，而分别是"上海"和"广州"。最后一条语句试图通过类 Person 访问对象的属性，很显然，这是不行的。

通过对象访问同名的属性时，Python 解析器首先查找对象是否有指定的对象属性。如果有，则停止查找，并返回其值；如果没有，就会继续查找是否有指定的类属性。如果还没有找到，则会抛出 AttributeError 异常，提示没有指定的属性。类的属性被同名的对象属性"屏蔽"了，当然，可以通过"对象名.__class__.属性名"来访问被"屏蔽"的类属性。

2. 根据访问的权限分为公有属性和私有属性

在 C++ 和 Java 语言中，公有属性和私有属性分别使用访问修饰符 public 和 private 声明，而在 Python 中是通过标识符的约定来区分的。如果属性的标识符名称以两个下画线开头，则说明是私有属性，否则是公有属性。公有属性和前面例子中的访问一样，而私有属性则通过如下语法才能够访问。

```
类(对象)名._类名__私有属性名
```

其中，类名前是一个下画线，类名后是两个下画线。下面通过一个例子来理解私有属性和公有属性。

例 9.7　私有属性和公有属性。

```
class Car(object):
    '定义了一个 Car 类'
    salesPrice=150000          #公有类属性
    __manufacturePrice=120000      #私有类属性
    def __init__(self,brand,serial):
        self.brand=brand           #公有对象属性
        self.__serial=serial     #私有对象属性


print('访问类的公有属性 salesPrice:',Car.salesPrice)
```

```
print('访问类的私有属性 manufacturePrice:',Car.__manufacturePrice)
c=Car('大众','一汽高尔夫')
print('访问对象 c 的公有属性 brand:',c.brand)
print('访问对象 c 的私有属性 serial:',c.__serial)
```

程序运行结果如下。

```
>>>
访问类的公有属性 salesPrice: 150000
Traceback (most recent call last):
  File "D:/Python 写书/Proj/第 9 章/Ex9_7.py", line 11, in <module>
    print('访问类的私有属性 manufacturePrice:',Car.__manufacturePrice)
AttributeError: type object 'Car' has no attribute '__manufacturePrice'
```

报错原因是因为访问类的私有属性的方式不正确。把"Car.__manufacturePrice""c.__serial"改为"Car._Car__manufacturePrice""c._Car__serial"后，程序的运行结果如下。

```
>>>
访问类的公有属性 salesPrice: 150000
访问类的私有属性 manufacturePrice: 120000
访问对象 c 的公有属性 brand: 大众
访问对象 c 的私有属性 serial: 一汽高尔夫
>>>
```

此外，还有内置属性，如__doc__、__bases__等，是由 Python 解析器提供的，用于管理类的内部关系。下面通过一个例子来理解类的内置属性。

例 9.8 类的内置属性。

```
class BuiltAttribute(object):
    'class BuiltAttribute'
    pass


print('调用内置函数 dir 求类的内置属性和方法:')
print(dir(BuiltAttribute))
print('BuiltAttribute 类的__dict__属性:',BuiltAttribute.__dict__)
print('BuiltAttribute 类的__doc__属性:',BuiltAttribute.__doc__)
print('BuiltAttribute 类的__module__属性:',BuiltAttribute.__module__)
print('BuiltAttribute 类的__name__属性:',BuiltAttribute.__name__)
print('BuiltAttribute 类的__bases__属性:',BuiltAttribute.__bases__)
```

程序运行结果如下。

```
>>>
```

调用内置函数 dir 求类的内置属性和方法：

```
['__class__', '__delattr__', '__dict__', '__doc__', '__eq__', '__format__', '__ge__', '__getattribute__', '__gt__', '__hash__', '__init__', '__le__', '__lt__', '__module__', '__ne__', '__new__', '__reduce__', '__reduce_ex__', '__repr__', '__setattr__', '__sizeof__', '__str__', '__subclasshook__', '__weakref__']
BuiltAttribute 类的__dict__属性: {'__dict__': <attribute '__dict__' of 'BuiltAttribute' objects>, '__module__': '__main__', '__weakref__': <attribute '__weakref__' of 'BuiltAttribute' objects>, '__doc__': 'class BuiltAttribute'}
BuiltAttribute 类的__doc__属性: class BuiltAttribute
BuiltAttribute 类的__module__属性: __main__
```

```
BuiltAttribute 类的__name__属性: BuiltAttribute
BuiltAttribute 类的__bases__属性: (<class 'object'>,)
```

9.3.2　方法

通过对属性的学习，我们已经知道属性可以分为公有属性和私有属性、类属性和对象属性。同样的，方法也可以分为公有方法和私有方法、类方法和对象方法。此外，还有静态方法。

1．对象的方法：公有方法和私有方法

定义公有方法无需特别声明，而定义私有方法时，方法名要以两个下画线开头。调用时，无论是公有方法还是私有方法，都可以通过类或者对象的方式调用。但是如果通过类的方式调用，则必须要传入一个对象；而调用私有方法必须通过以下方式调用。

类（对象）名.__类名__私有方法名()

可以看到，这和访问私有属性非常相似，只是把私有属性名改成私有方法名。下面通过一个例子来理解公有方法和私有方法。

例 9.9　公有方法和私有方法。

```
class Methods(object):
    '定义一个 Methods 类'
    #定义公有方法
    def publicMethod(self):
        return '公有方法 publicMethod!'
    #定义私有方法
    def __privateMethod(self):
        return '私有方法 privateMethod!'

m=Methods()
print('以对象的方式调用',m.publicMethod())
#以类的方式调用公有方法 publicMethod 传入了一个对象 m
print('以类的方式调用',Methods.publicMethod(m))
print('以对象的方式调用',m._Methods__privateMethod())
print('以类的方式调用',Methods._Methods__privateMethod())
```

程序运行结果如下。

```
>>>
以对象的方式调用 公有方法 publicMethod!
以类的方式调用 公有方法 publicMethod!
以对象的方式调用 私有方法 privateMethod!
Traceback (most recent call last):
  File "D:/Python 写书/Proj/第 9 章/Ex9_9.py", line 15, in <module>
    print('以类的方式调用',Methods._Methods__privateMethod())
TypeError: __privateMethod() takes exactly 1 argument (0 given)
```

可以看到，以类的方式调用公有方法时传入了一个对象 m，可以正常执行。第 4 条调用语句，以类的方式调用私有方法时没有传入类的实例化对象，所以抛出 TypeError 异常，提示未绑定的方法必须以类的实例化对象作为第一个参数。我们把以对象的方式调用的方法称为绑定的方法。第 4 条调用语句传入一个类的实例化对象 m 后，程序的运行结果如下。

```
>>>
以对象的方式调用 公有方法 publicMethod!
以类的方式调用 公有方法 publicMethod!
以对象的方式调用 私有方法 privateMethod!
以类的方式调用 私有方法 privateMethod!
```

当然，以上介绍的都是指对象的方法，关于类的公有方法和私有方法在下面的类方法和静态方法中来讲述。

2. 类方法和静态方法

定义类方法时，可以通过@classmethod 指令的方式定义，或者通过使用内建函数 classmethod 的方式将一个普通的方法转为类方法。类似的，定义静态方法时可以通过@staticmethod 指令的方式定义或者通过内建函数 staticmethod 的方式将一个普通的方法转为静态方法。调用时，无论是类方法还是静态方法，都可以通过类或者对象的方式调用。

下面通过一个例子来理解类方法和静态方法。

例 9.10　类方法和静态方法。

```python
class Methods(object):
    '定义一个 Methods 类'
    #通过@classmethod 指令定义公有类方法
    @classmethod
    def publicClassMethod(cls):
        return cls

    #通过@classmethod 指令定义私有类方法
    @classmethod
    def __privateClassMethod(cls):
        return cls

    #通过@staticmethod 指令定义公有静态方法
    @staticmethod
    def publicStaticMethod():
        return '公有静态方法 publicStaticMethod!'

    #通过@staticmethod 指令定义私有静态方法
    @staticmethod
    def __privateStaticMethod():
        return '私有静态方法 privateStaticMethod!'

    #定义公有方法
    def publicMethod(self):
        print('called publicMethod!')

    #定义私有方法
    def __privateMethod(self):
        print('called privateMethod!')

    #通过内建函数 classmethod 将公有方法 publicMethod 转为类方法
    publicMethodToClassMethod=classmethod(publicMethod)

    #通过内建函数 classmethod 将私有方法 privateMethod 转为类方法
```

```
    privateMethodToClassMethod=classmethod(__privateMethod)

    #通过内建函数 staticmethod 将公有方法 publicMethod 转为静态方法
    publicMethodToStaticMethod=staticmethod(publicMethod)

    #通过内建函数 staticmethod 将私有方法 privateMethod 转为静态方法
    privateMethodToStaticMethod=staticmethod(__privateMethod)

m=Methods()
print('以类的方式调用通过@classmethod 指令定义的公有类方法 publicClassMethod!'
       ,Methods.publicClassMethod())
print('以对象的方式调用通过@classmethod 指令定义的公有类方法 publicClassMethod!'
       ,m.publicClassMethod())
print('以类的方式调用通过@classmethod 指令定义的私有类方法 privateClassMethod!'
       ,Methods._Methods__privateClassMethod())
print('以对象的方式调用通过@classmethod 指令定义的私有类方法 privateClassMethod!'
       ,m._Methods__privateClassMethod())

print('以类的方式调用通过@staticmethod 指令定义的' ,Methods.publicStaticMethod())
print('以对象的方式调用通过@staticmethod 指令定义的' ,m.publicStaticMethod())
print('以类的方式调用通过@staticmethod 指令定义的'
                        ,Methods._Methods__privateStaticMethod())
print('以对象的方式调用通过@staticmethod 指令定义的'
                        ,m._Methods__privateStaticMethod())

print('以类的方式调用通过内建函数 classmethod 转换成的类方法 publicMethodToClassMethod!',
Methods.publicMethodToClassMethod())
print('以对象的方式调用通过内建函数 classmethod 转换成的类方法 publicMethodToClassMethod!',
m.publicMethodToClassMethod())
print('以类的方式调用通过内建函数 classmethod 转换成的类方法 privateMethodToClassMethod!',
Methods.privateMethodToClassMethod())
print('以对象的方式调用通过内建函数 classmethod 转换成的类方法 privateMethodToClassMethod!',
m.privateMethodToClassMethod())

print('以类的方式调用通过内建函数 staticmethod 转换成的类方法 publicMethodToStaticMethod!',
Methods.publicMethodToStaticMethod(m))
print('以对象的方式调用通过内建函数 staticmethod 转换成的类方法 publicMethodToStaticMethod!',
m.publicMethodToStaticMethod(m))
print('以类的方式调用通过内建函数 staticmethod 转换成的类方法 privateMethodToStaticMethod!',
Methods.privateMethodToStaticMethod(m))
print('以对象的方式调用通过内建函数 staticmethod 转换成的类方法 privateMethodToStaticMethod!',
m.privateMethodToStaticMethod(m))
```

程序运行结果如下。

```
>>>
以类的方式调用通过@classmethod 指令定义的公有类方法 publicClassMethod!<class '__main__.Methods'>
以对象的方式调用通过@classmethod 指令定义的公有类方法 publicClassMethod!<class '__main__.Methods'>
以类的方式调用通过@classmethod 指令定义的私有类方法 privateClassMethod!<class '__main__.Methods'>
以对象的方式调用通过@classmethod 指令定义的私有类方法 privateClassMethod!<class '__main__.Methods'>
以类的方式调用通过@staticmethod 指令定义的公有静态方法 publicStaticMethod!
以对象的方式调用通过@staticmethod 指令定义的公有静态方法 publicStaticMethod!
以类的方式调用通过@staticmethod 指令定义的私有静态方法 privateStaticMethod!
```

```
以对象的方式调用通过@staticmethod 指令定义的私有静态方法 privateStaticMethod!
called publicMethod!
以类的方式调用通过内建函数 classmethod 转换成的类方法 publicMethodToClassMethod! None
called publicMethod!
以对象的方式调用通过内建函数 classmethod 转换成的类方法 publicMethodToClassMethod! None
called privateMethod!
以类的方式调用通过内建函数 classmethod 转换成的类方法 privateMethodToClassMethod! None
called privateMethod!
以对象的方式调用通过内建函数 classmethod 转换成的类方法 privateMethodToClassMethod! None
called publicMethod!
以类的方式调用通过内建函数 staticmethod 转换成的类方法 publicMethodToStaticMethod! None
called publicMethod!
以对象的方式调用通过内建函数 staticmethod 转换成的类方法 publicMethodToStaticMethod! None
called privateMethod!
以类的方式调用通过内建函数 staticmethod 转换成的类方法 privateMethodToStaticMethod! None
called privateMethod!
以对象的方式调用通过内建函数 staticmethod 转换成的类方法 privateMethodToStaticMethod! None
>>>
```

在模块中用双下画线作为变量名前缀，可以避免变量在使用 from…import *语句时被导入。类似地，可以在类中使用双下画线作为变量名前缀，这些变量名不能直接在类外使用。

例 9.11 类的"伪私有"属性和方法示例一。

```
>>> class test:
data=100
__data2=200
def add(a,b):
      return a+b
def __sub(a,b):
      return a-b


>>> test.data
100
>>> test.add(2,3)
5
>>> test.__data2
Traceback (most recent call last):
  File "<pyshell#12>", line 1, in <module>
    test.__data2
AttributeError: type object 'test' has no attribute '__data2'
>>> test.__sub(2,3)
Traceback (most recent call last):
  File "<pyshell#13>", line 1, in <module>
    test.__sub(2,3)
AttributeError: type object 'test' has no attribute '__sub'
```

可以看到用类对象不能直接访问带双下画线前缀的属性和方法。双下画线前缀的属性和方法可以称为"伪私有"属性和方法。之所以称为"伪私有"，是因为 Python 在处理这类变量名时，会自动在带双下画线前缀的变量名前再加上"_类名"，从而可以在类外直接访问。

例 9.12 类的"伪私有"属性和方法示例二。

```
>>> class test:
data=100
```

```
    __data2=200
def add(a,b):
        return a+b
def __sub(a,b):
        return a-b


>>> test._test__data2
200
>>> test._test__sub(2,3)
-1
```

可以通过使用 dir() 函数查看类对象的属性列表，从而可以看到对外可见的正确的属性名。例如：

```
>>> dir(test)
['__class__', '__delattr__',…,'_test__data2', '_test__sub', 'add', 'data']
```

3. 构造方法（函数）和析构方法（函数）

类的构造方法（函数）和析构方法（函数）名称是由 Python 预设的，__init__ 为构造方法（函数）名，__del__ 为析构方法（函数）名。构造函数在调用类创建实例对象时自动被调用，完成对实例对象的初始化。析构函数在实例对象被回收时调用。在定义类时，可以不定义构造函数和析构函数。

例 9.13　构造方法和析构方法。

```
>>> class test:
def __init__(self,value):      #定义构造函数
        self.data=value
        print('构造函数执行完毕!')
def __del__(self):             #定义析构函数
        del self.data
        print('析构函数执行完毕!')


>>> x=test(100)          #调用类创建实例对象,输出显示构造函数已被执行
构造函数执行完毕!
>>> x.data               #输出实例对象属性,该属性在构造函数中赋值创建
100
>>> del x                #删除对象,输出显示析构函数已执行
析构函数执行完毕!
```

9.4　类　的　组　合

一个类被定义后，目的就是要把它当成一个模块来使用，并把它嵌入到代码中。有两种方式可以利用这些已定义好的类，其中一种就是这里介绍的组合。这种方式就是让不同的类混合并入其他的类，形成更加复杂、更符合需求的类，从而增加功能和提高代码重用性。

下面通过一个例子理解类的组合。

例 9.14　类的组合。

```
class Person(object):
    '定义了一个 Person 类'
```

```
        def __init__(self,name,age,gender,birthday,address,contact):
            #初始化 Person 类的实例化对象的属性
            self.name=name
            self.age=age
            self.gender=gender
            self.birthday=birthday
            self.address=address
            self.contact=contact

        def printBaseInformation(self):
            print('基本信息:name:%s,age:%d,gender:%s'
                %(self.name,self.age,self.gender))

        def printBirthdayInformation(self):
            print('生日:%d:%d:%d'
                %(self.birthday.year,self.birthday.month,self.birthday.day))

        def printAllInformation(self):
            #调用 Person 类中定义的方法
            self.printBaseInformation()
            #调用 Birthday 类中定义的方法
            self.printBirthdayInformation()
            #调用 Address 类中定义的方法
            self.address.printAddressInformation()
            #调用 Contact 类中定义的方法
            self.contact.printContactInformation()

class Birthday(object):
                '定义了一个 Birthday 类'
                def __init__(self,year,month,day):
                    self.year=year
                    self.month=month
                    self.day=day

class Address(object):
                '定义了一个 Address 类'
                def __init__(self,nation,province,city,region,street):
                    self.nation=nation
                    self.province=province
                    self.city=city
                    self.region=region
                    self.street=street

                def printAddressInformation(self):
                    print('地址:%s,%s,%s,%s,%s'
                        %(self.nation,self.province,self.city,self.region,self.street))

class Contact(object):
                '定义了一个 Contact 类'
                def __init__(self,telephone,wechat,qq):
                    self.telephone=telephone
                    self.wechat=wechat
                    self.qq=qq
```

```
        def printContactInformation(self):
            print('联系方式:手机号码:%s 微信:%s QQ:%s'
                %(self.telephone,self.wechat,self.qq))

#先分别创建 Birthday、Address、Contact 的实例化对象
birthday=Birthday(2000,1,1)
address=Address('中国','河北省','石家庄','桥东区','东风街道')
contact=Contact('15912345679','xiaochenwechat','123456')
'''Person 类的实例化对象 person 的 birthday、address、contact 属性分别是
    Birthday 类的实例化对象 birthday
    Address 类的实例化对象 address
    Contact 类的实例化对象 contact
'''
#用上面创建的实例化对象 birthday、address、contact 创建 Person 类的实例化对象
person=Person('小吴',16,'女',birthday,address,contact)
person.printAllInformation()
```

程序的运行结果如下。

```
>>>
基本信息:name:小吴,age:16,gender:女
生日:2000:1:1
地址:中国,河北省,石家庄,桥东区,东风街道
联系方式:手机号码:15912345679 微信:xiaochenwechat QQ:123456
```

该程序定义了一个 Person 主类和 3 个从类 Birthday、Address、Contact。这个 Person 主类有 name、age、gender、birthday、address、contact 等对象属性,其中,name、age、gender 属性的类型是基本类型,而 birthday、address、contact 属性的类型则分别是 Birthday、Address、Contact 这 3 个类的实例化对象。此外,Person 类还定义了 4 个方法__init__、printBaseInformation、printBirthdayInformation、printAllInformation,其中,__init__方法用于初始化 Person 类实例化对象的属性信息;printBaseInformation 方法用于输出基本类型的属性信息,这个方法直接引用属性即可,如 self.name;printBirthdayInformation 方法用于输出 Birthday 的实例化对象(通过 self.birthday 获得),然后再获取它的生日信息,如 self.birthday.year。如果生日信息还是一个类的实例化对象,同样先获得这个类的实例化对象,这样一层层地通过属性点操作符最终获取所需要的信息;printAllInformation 方法则用于输出 Person 类的所有信息,包括 Birthday 类的生日信息,Address 类的地址信息和 contact 类的联系方式信息,不同的是这个方法是通过调用其他方法的方式实现的,而且调用又分为直接调用和间接调用,如调用主类 Person 定义的 printBaseInformation、printBirthdayInformation 方法是直接调用(self. printBaseInformation()),而调用 Address 类的 printAddressInformation 方法和 Contact 类的 printContactInformation 方法是间接调用(self.address.printAddressInformation()、self.contact.printContactInformation())。Birthday 类有 3 个对象属性 year、month 和 day。Address 类有 5 个对象属性 nation、province、city、region 和 street。而 Contact 类有 3 个对象属性 telephone、wechat 和 qq。显然,这 3 个类和 Person 类属于组合关系,可以说这 3 个简单的类(从类)组合成了一个复杂的类(主类)。在主函数中,首先实例化这 3 个类,然后在实例化 Person 类的过程中使用了这 3 个类的实例化对象。最后,调用 person 对象的 printAllInformation 方法输出所有的信息。

9.5　继承与派生

面向对象的程序设计有 3 个主要特点：封装、继承和多态性。前面我们学习了类和对象，了解了其中一个重要特征——封装。本节主要介绍有关继承的知识。

继承性是面向对象程序设计最重要的特征，Python 语言提供了类的继承机制。面向对象技术强调软件的可重用性，而这种继承机制解决了软件重用问题。所谓"继承"就是在一个已经存在的类的基础上建立一个新的类。已经存在的类称为"基类"或"父类"。新建立的类称为"派生类"或"子类"。关于基类和派生类的关系，可以表述为：派生类是基类的具体化，而基类则是派生类的抽象。通过继承，新类可以获得现有类的属性和方法，同时可以定义新的属性和方法，从而完成对超类的扩展。

9.5.1　派生类的定义

定义派生类的一般形式如下。

```
class 派生类类名(基类类名):
    def __init__(self[,args]):          #构造方法
        基类类名.__init__(self[,args])    #调用基类的构造方法
        [新增属性的赋值]
```

在派生类类名后的括号内指定所要继承的基类类名。由于定义一个类通常都会包含 __init__ 构造方法，所以在派生类中首先也会定义该方法。在该方法中先调用基类的构造方法，并传以必要的参数，用于初始化基类的属性。然后会通过赋值语句初始化派生类中新增加的属性。

下面通过一个例子说明怎样通过继承来建立派生类，从最简单的单继承开始。

例 9.15　派生类的定义。

```
class Student(object):
    '定义一个 Student 类'
    baseClassData=123
    def __init__(self,num,name,gender):
        self.num=num
        self.name=name
        self.gender=gender

    def printInformation(self):
        print('num:%d,name:%s,gender:%s'%(self.num,self.name,self.gender))

class Student1(Student):                #声明基类是 Student
    '定义一个 Student1 类'
    def __init__(self,num,name,gender,age,address):
        #比基类的__init__方法多传两个参数
        Student.__init__(self,num,name,gender)   #调用基类的__init__方法
        self.age=age                             #新增加的对象属性
        self.address=address                     #新增加的对象属性

    def printInformation1(self):
```

```
        Student.printInformation(self)      #调用基类的 printInformation 方法
        print('age:%d,address:%s'%(self.age,self.address))
        #输出新增加的对象属性

#创建 Student1 类的实例化对象
s=Student1(123456,'小陈','男',26,'北京')
s.printInformation1()
#通过派生类的实例化对象调用基类的类属性 baseClassData
print('通过派生类的实例化对象调用从基类继承过来的类属性 baseClassData:',s.baseClassData)
```

在定义 Student1 类时，括号内的 Student 就是所继承的基类。Student1 类就是 Student 类的派生类。其实前面章节介绍的例子绝大多数都是以继承的方式创建的类（派生类）。只是继承的基类不是用户定义的类，而是编译器自带的 object 类。在这个 Student1 的类中，定义了 __init__ 构造方法，其参数列表比基类中 __init__ 构造方法多了两个参数，用于初始化派生类中新增加的对象属性 (age，address)。方法内首先调用基类的 __init__ 方法，初始化基类的对象属性。然后再通过赋值语句初始化派生类中新增加的对象属性。接着又定义了 printInformation1 方法。该方法首先调用基类的 printInformation 方法，输出基类的对象属性，然后再输出派生类新增加的对象属性。可以看到这种通过继承定义的派生类比重新定义满足要求的类更简洁。在程序的主函数中，首先创建了 Student1 类的实例化对象，然后调用派生类的 printInformation1 方法，最后通过派生类的实例化对象调用基类的类属性 baseClassData，程序的运行结果如下。

```
>>>
num:123456,name:小陈,gender:男
age:26,address:北京
```

通过派生类的实例化对象调用从基类继承过来的类属性 baseClassData: 123。

9.5.2　super 和方法重载

说到继承，必然会提到如何调用基类中的方法。一般使用非绑定的类方法，即通过类名访问基类中的方法，并在参数列表中引入对象 self，从而达到调用基类方法的目的。如上面例子中的 Student.__init__(self,num,name,gender) 和 Student.printInformation(self) 都是通过这种方式调用基类的方法。但这种方式有一个弊端，就是当基类的类名改动或者派生类改为继承其他的类时，在派生类中通过类名调用基类方法的所有地方中的类名都需要修改成改动后的类名，改动的工作量较大且容易出错。为了解决这个问题，Python 增加了 super 内建函数来调用基类中的方法。把上面例子中的 Student.__init__(self,num,name,gender) 和 Student.printInformation(self) 分别改为 super(Student1,self).__init__(num,name,gender) 和 super(Student1,self).printInformation()。运行结果不变。现在假设基类 Student 的类名改为 CollegeStudent，我们只需改动继承的基类类名一个地方即可。

使用 super 内建函数来调用基类中的方法，如果基类的名称改变或者派生类改为继承其他的类时，只需要修改派生类继承基类的名称即可。这样既可以将代码的维护量降到最低，又可以提高程序开发的周期。因此，定义派生类更一般的形式如下。

```
class 派生类类名(基类类名):
        def __init__(self[,args]):          #构造方法
                super(派生类类名,self).__init__([args])      #调用基类的构造方法
            [新增属性的赋值]
```

但是有一种特殊情况，当派生类继承两个或多个基类且这多个基类有同名的方法时，通过 super 内建函数并不能智能分辨调用的具体基类方法，或者出现某些基类的方法被调用多次等现象。关于这个问题在多重继承小节再介绍。

例 9.16 调用超类的构造函数。

```
>>> class supper:      #定义超类
def __init__(self,a):
    self.supper_data=a


>>> class sub(supper):     #定义子类
def __init__(self,a,b):    #定义子类的构造函数
    self.sub_data=a
    super(sub,self).__init__(b)      #调用超类构造函数


>>> x=sub(10,20)      #创建子类实例对象
>>> x.supper_data     #显示继承的属性
20
>>> x.sub_data        #显示子类的自定义属性
10
```

Python 允许在子类中定义自己的属性和方法。如果子类定义的属性和方法与父类的属性和方法同名，则子类实例对象调用子类中定义的属性和方法。

例 9.17 方法重载。

```
>>> class supper:       #定义超类
data1=10
data2=20
def show1(self):
    print('在父类的 show1()方法中的输出')
def show2(self):
    print('在父类的 show2()方法中的输出')


>>> class sub(supper):     #定义子类
data1=100
def show1(self):
    print('在子类的 show1()方法中的输出')


>>> x=sub()     #创建子类实例对象
>>> x.data1,x.data2      #输出显示 data1 是子类属性,data2 是继承的属性
(100, 20)
>>> x.show1()            #调用子类自定义方法
在子类的 show1()方法中的输出
>>> x.show2()            #调用继承的方法
在父类的 show2()方法中的输出
```

用子类的方法覆盖父类的方法，在面向对象中称为方法重载。Python 允许在子类方法中通过类对象直接调用超类的方法。例如：

```
>>> class sub1(supper):    #定义子类
data1=100
def show1(self):
    print('在子类的 show1()方法中的输出')
    supper.show1(self)    #调用超类的方法
    supper.show2(self)    #调用超类的方法


>>> x=sub1()
>>> x.show1()
在子类的 show1()方法中的输出
在父类的 show1()方法中的输出
在父类的 show2()方法中的输出
```

9.5.3　多重继承

多重继承指子类可以同时继承多个超类。如果超类中存在同名的属性或方法，Python 按照一定的方法解析顺序（Method Resolution Order，MRO）在超类中搜索方法。此时的方法解析顺序采用广度优先搜索算法，从左到右进行搜索。

例 9.18　采用的 MRO 算法示例。

```
class P1(object):          #基类 1
    def f(self):
        print('P1 的 f 方法被调用')

class P2(object):          #基类 2
    def f(self):
        print('P2 的 f 方法被调用')

    def g(self):
        print('P2 的 g 方法被调用')

class C1(P1,P2):           #一级派生类,从 P1,P2 派生
    def h(self):
        print('C1 的 h 方法被调用')

class C2(P1,P2):           #一级派生类,从 P1,P2 派生
    def g(self):
        print('C2 的 g 方法被调用')

class GC(C1,C2):           #二级派生类(相对于 P1,P2),从 C1,C2 派生
    pass

gc=GC()
gc.f()
gc.g()
gc.h()
```

程序的运行结果如下。

```
>>>
P1 的 f 方法被调用
```

C2 的 g 方法被调用
C1 的 h 方法被调用

上述程序中，P1 中定义了 f 方法，P2 中定义了 f 和 g 方法，C1 定义了 h 方法，C2 定义了 g 方法。该程序的方法解析顺序采用广度优先搜索算法，从左到右进行搜索。在主函数首先创建 GC 类的实例化对象 gc，当执行 gc.f() 语句时，它首先在 GC 类中查询 f 方法，没有找到，于是按从左到右的顺序找它的基类 C1 ，没找到，然后找基类 C2，还是没找到，接着继续沿着继承树查找 C1 的基类 P1，此时找到 f 方法，所以其搜索顺序为 GC->C1->C2->P1。输出为"P1 的 f 方法被调用"。类似的，当执行 gc.g() 语句时，其搜索顺序为 GC->C1->C2。所以输出为"C2 的 g 方法被调用"。当执行 gc.h() 语句时，其搜索顺序为 GC->C1。所以输出为"C1 的 h 方法被调用"。

另外，根据基类的同名方法参数个数是否相同，又分两种情况。下面结合例子进行说明。

1. 基类的同名方法参数个数相同的情况

例 9.19　基类的同名方法参数个数相同。

```python
class A(object):
    def __init__(self,a):
        print('A 的__init__方法被调用')
        self.a=a
        print('A.a:%d'%self.a)


class B(object):
    def __init__(self,b):
        print('B 的__init__方法被调用')
        self.b=b
        print('B.b:%d'%self.b)


class C(A,B):
    def __init__(self,a,b):
        #调用 A 的__init__方法
        super(C,self).__init__(a)
        #试图调用 B 的__init__方法
        super(C,self).__init__(b)
        print('C 的__init__方法被调用')


c=C(1,2)
```

程序运行结果如下。

```
>>>
A 的__init__方法被调用
A.a:1
A 的__init__方法被调用
A.a:2
C 的__init__方法被调用
```

可以看到基类 A 的__init__方法被调用了两次，而 B 的__init__方法一次都未被调用。这是因为程序首先搜索第一个基类 A，在 A 中找到__init__方法，停止搜索，然后执行 A 类中的__init__方法。两次调用__init__方法，两次执行的都是 A 类中的__init__方法，只是参数有所不同，而 B 的__init__方法始终未被调用。

2. 基类的同名方法参数个数不同的情况

例 9.20　基类的同名方法参数个数不同。

```
class A(object):
    def __init__(self,a):
        print('A的__init__方法被调用')
        self.a=a
        print('A.a:%d'%self.a)

class B(object):
    def __init__(self):
        print('B的__init__方法被调用')


class C(A,B):
    def __init__(self,a):
        #调用A的__init__方法
        super(C,self).__init__(a)
        #试图调用B的__init__方法
        super(C,self).__init__()
        print('C的__init__方法被调用')

c=C(1)
```

程序运行结果如下。

```
>>>
A的__init__方法被调用
A.a:1
Traceback (most recent call last):
  File "D:/Python写书/Proj/第9章/Ex9_20.py", line 20, in <module>
    c=C(1)
  File "D:/Python写书/Proj/第9章/Ex9_20.py", line 17, in __init__
    super(C,self).__init__()
TypeError: __init__() takes exactly 2 arguments (1 given)
```

显然，两次调用都找到了 A 类的 __init__ 方法。第一次调用，给出一个参数，可以正常执行。第二次调用，没有给出参数，本来试图调用 B 类的 __init__ 方法，结果还是调用了 A 类的 __init__ 方法，所以抛出 TypeError 异常，提示参数不一致。

9.6　运算符重载和模块中的类

9.6.1　运算符重载

运算符重载是通过实现特定的方法使类的实例对象支持 Python 的各种内置操作。重载运算符就是在类中定义相应的方法，当使用实例对象执行相关运算时，则调用对应方法。下面通过加法运算重载来进行说明。

加法运算通过实现 __add__ 方法来完成重载，当两个实例对象执行加法运算时，自动调用 __add__ 方法。

例 9.21　加法运算符重载。

```
>>> class test:                #定义类
def __init__(self,a):          #定义构造函数
    self.data=a[:]
def __add__(self,obj):         #实现加法运算方法的重载, 将两个列表对应元素相加
    x=len(self.data)
    y=len(obj.data)
    max=x if x>y else y
    nl=[]
    for n in range(max):
        nl.append(self.data[n]+obj.data[n])
    return test(nl[:])         #返回包含新列表的实例对象


>>> x=test([1,2,3])            #创建实例对象并初始化
>>> y=test([10,20,30])         #创建实例对象并初始化
>>> z=x+y                      #执行加法运算, 其实质是调用__add__方法
>>> z.data                     #显示加法运算后新实例对象的 data 属性值
[11, 22, 33]
```

9.6.2　模块中的类

Python 可以将模块中的类导入到当前模块使用。导入的类是模块对象的一个属性, 就像模块中的函数一样, 可以像调用模块函数一样来调用类对象。

下面在模块文件 classlib.py 中定义了一个 TestClass 类。

例 9.22　模块中的类示例。

```
class TestClass:
    data1=100
    def set(self,a):
        self.data2=a
    def show(self):
        print('data1=%s data2=%s'%(self.data1,self.data2))
if __name__=='__main__':
    print('模块独立运行的自测试输出:')
    x=TestClass()
    x.set([1,2,3,4])
    x.show()
```

模块可以独立运行, 运行时输出结果如下。

```
>>>
```

模块独立运行的自测试输出:

```
data1=100 data2=[1, 2, 3, 4]
```

在交互模式下用 import 语句导入 classlib.py, 使用 TestClass 类, 代码如下。

```
>>> import classlib            #导入模块
>>> x=classlib.TestClass()     #调用类对象创建类的实例对象
>>> x.data1                    #显示类的全局属性 data1 的值
100
>>> x.data1='Python'           #为 data1 赋值
```

```
>>> x.set(200)                    #调用类方法设置属性值
>>> x.show()                      #调用类方法显示属性值
data1=Python data2=200
```

还可以使用 from 语句来导入模块，使用 TestClass 类，代码如下。

```
>>> from classlib import TestClass    #导入类
>>> x=TestClass()                     #调用类对象创建类的实例对象
>>> x.data1                           #显示类的全局属性 data1
100
>>> x.data1=200                       #为 data1 赋值
>>> x.set(300)                        #调用方法为实例对象的 data2 属性赋值
>>> x.show()                          #调用方法显示属性值
data1=200 data2=300
```

9.7　异　常　处　理

异常是程序在运行过程中，在特定条件下引发的错误。例如，打开不存在的文件、序列索引越界、不兼容类型之间执行运算等都会产生异常。异常并非语法错误或程序逻辑错误。Python 在运行程序时，首先会扫描程序检查语法错误。程序逻辑错误属于设计问题，非程序本身问题。异常可以在程序运行过程中进行捕捉、处理，从而避免程序意外崩溃。对程序执行异常处理，是一种良好的编程习惯。

9.7.1　Python 异常处理机制

异常处理是 Python 的一种高级工具：当异常发生时，程序会停止当前的所有工作，跳转到异常处理部分去执行。异常既可以是程序错误引发的，也可以由代码主动触发。

在 Python 中，异常处理常用于处理下列情况。

- 错误处理：这是异常处理的典型应用，在程序中捕捉可能发生的错误，提供处理措施，例如直接忽略、打印错误、写异常日志等。Python 使用 try 语句捕捉和处理异常，发生错误时，执行 try 语句中的异常处理代码，然后正常执行 try 语句后面的代码。
- 终极行为：在 try 语句中使用 finally 定义终极行为，不管程序中是否发生异常，finally 部分的代码都会执行。例如，在读写文件时，用 finally 定义文件关闭操作。
- 利用异常处理实现非常规的流程控制：在代码中根据需要使用 raise 语句，主动抛出内置异常或者是自定义的异常，实现程序的流程跳转。

请看下面的例子是如何发生异常的。

例 9.23　异常处理示例一。

```
>>> class test:        #定义类
def getdata(self):
    return self.data    #返回实例对象的 data 属性值


>>> x=test()           #创建实例对象
>>> x.data=100         #为实例对象 data 属性赋值，并同时创建了 data 属性
>>> x.getdata()        #返回实例对象 data 属性值
```

```
100
>>> y=test()                  #创建实例对象
>>> y.getdata()               #返回实例对象属性值,由于该属性还未通过赋值创建,出错
Traceback (most recent call last):
  File "<pyshell#8>", line 1, in <module>
    y.getdata()               #返回实例对象属性值,由于该属性还未通过赋值创建,出错
  File "<pyshell#3>", line 3, in getdata
    return self.data    #返回实例对象的 data 属性值
AttributeError: 'test' object has no attribute 'data'
```

因为实例对象的属性总是通过赋值语句来创建。实例对象 y 没有通过赋值创建 data 属性,所以试图返回 data 属性值时出错,触发异常,提示对象没有该属性。

异常处理的基本结构如下。

```
try:
    可能引发异常的代码
except 异常类型名称。
    异常处理代码
else。
    没有发生异常时执行的代码
```

在处理异常时,将可能引发异常的代码放在 try 语句块中。在 except 语句中指明捕捉处理的异常类型名称,except 语句块中为发生指定异常时执行的代码。else 语句块中为没有发生异常时执行的代码,else 部分可以省略。

使用 try…except 对代码中的异常进行捕捉处理时,发生异常则执行对应的处理代码,然后执行后继的代码。例如修改前面的例子,添加异常处理部分。

例 9.24   异常处理示例二。

```
try:
    class test:
        def getdata(self):
            return self.data
    y=test()
    y.getdata()
except AttributeError:
    print('出错了:访问对象属性出错!')
else:
    print('程序中没有发生错误')
print('程序执行完毕!')
```

程序运行结果如下:

```
>>>
出错了:访问对象属性出错!
程序执行完毕!
```

可以看到,在发生异常时,执行了自定义的代码,而不是 Python 默认异常处理代码。在异常处理结构后面的代码也被执行,说明异常被捕捉处理后,不会再使程序非正常退出。

修改上例代码,测试 else 部分是否会执行。

例 9.25   异常处理示例三。

```
try:
    class test:
```

```
        def getdata(self):
            return self.data
    y=test()
    y.data=100
    y.getdata()
except AttributeError:
    print('出错了:访问对象属性出错!')
else:
    print('程序中没有发生错误')
print('程序执行完毕!')
```

程序运行结果如下。

```
>>>
程序中没有发生错误
程序执行完毕!
```

可以看到，在没有发生异常时，else 部分的代码被执行。

Python 内置的常见异常类型如下。

- AttributeError：访问对象属性时引发的异常，如属性不存在或不支持赋值等。
- EOFError：使用 input()函数读文件时，遇到文件结束标志 EOF 时发生的异常。文件对象的 read()和 readline()方法遇到 EOF 时返回空字符串，不会引发异常。
- ImportError：导入模块出错引发的异常。
- IndexError：使用序列对象的下标超出范围时引发的异常。
- StopIteration：迭代器没有进一步可迭代元素时引发的异常。
- IndentationError：使用了不正确的缩进时引发的异常。
- TabError：使用【Tab】键和空格缩进时不一致引发的异常。
- TypeError：在运算或函数调用中，使用了不兼容的类型时引发的异常。
- ZeroDivisionError：除数为 0 时引发的异常。

在异常处理结构中，可以使用多个 except 语句，以捕捉可能出现的多种异常。

例 9.26　捕捉多个异常。

```
>>> x=[1,2]
>>> try:
x[0]/0
except ZeroDivisionError:
print('除 0 错误')
except IndexError:
print('索引下标超出范围')
else:
print('没有错误')


除 0 错误
>>>
```

上例由于有除 0 操作，所以引发 ZeroDivisionError 异常，打印"除 0 错误"。下面仅仅修改 try 语句块代码为：x[2]/2，将引发不同的异常。结果如下。

```
>>> try:
x[2]/2
```

```
except ZeroDivisionError:
print('除 0 错误')
except IndexError:
print('索引下标超出范围')
else:
print('没有错误')


索引下标超出范围
>>>
```

由于 x[2]越界，所以引发 IndexError 异常。

如果在 except 语句中同时指定多种异常，以便使用相同的异常处理代码进行统一处理。在 except 语句中可以使用 as 为异常类创建一个实例对象。

例 9.27 except…as 与统一处理。

```
>>> x=[1,2]
>>> try:
x[0]/0        #此处引发除 0 异常
except(ZeroDivisionError,IndexError) as exp:    #处理多种异常,用 as 创建异常类实例变量
print('出错了:')
print('异常类型:',exp.__class__.__name__)    #输出异常类名称
print('异常信息:',exp)                #输出异常信息


出错了:
异常类型: ZeroDivisionError
异常信息: division by zero
>>> try:
x[2]/2        #此处引发下标超出范围异常
except(ZeroDivisionError,IndexError) as exp:    #处理多种异常,用 as 创建异常类实例变量
print('出错了:')
print('异常类型:',exp.__class__.__name__)    #输出异常类名称
print('异常信息:',exp)                #输出异常信息


出错了:
异常类型: IndexError
异常信息: list index out of range
```

代码中的"except(ZeroDivisionError,IndexError) as expf:"语句指定捕捉处理除 0 和下标越界两种异常。发生异常时，变量 exp 引用异常的实例对象。通过异常的实例对象，可进一步获得异常的类名和异常信息等数据。

在捕捉异常时，如果 except 语句中没有指明异常类型，则不管发生何种类型的异常，均会执行 except 语句块中的异常处理代码。

例 9.28 捕捉所有异常。

```
>>> try:
2/0        #引发除 0 异常
except:
```

```
print('出错了')


出错了
>>> x=[1,2,3]
>>> try:
print(x[3])          #引发下标超出范围异常
except:
print('出错了')


出错了
>>>
```

采用这种方式的好处是可以捕捉所有类型的异常。

另外，Python 允许在异常处理结构的内部嵌套另一个异常处理结构。在发生异常时，内部没有捕捉处理的异常可以被外层捕捉。

例 9.29 异常处理结构的嵌套。

```
>>> x=[1,2]
>>> try:
try:
     5/0
except ZeroDivisionError:
    print('内部除 0 异常')
    x[2]/2
except IndexError:
print('外层下标越界异常')


内部除 0 异常
外层下标越界异常
```

最后要说明的是，在异常处理结构中，可以使用 finally 定义终止行为。不管 try 语句块中是否发生异常，finally 语句块中的代码都会执行。

例 9.30 try…finally 终止行为。

```
>>> def dosome():    #定义函数
try:
     print(5/0)    #引发除 0 异常
except:
     print('出错了')    #发生异常时执行
finally:
     print('finally 部分已执行')           #不管是否发生异常都会执行
print('over')      #正常执行


>>> dosome()       #执行函数
出错了
finally 部分已执行
over
>>>
```

可以看到发生异常时，在执行完异常处理代码后，finally 语句块被执行，然后执行后继的代码，输出"over"。

这里定义了一个函数来说明 finally 块不管如何都会执行，另一个目的是说明在 try…finally 之后的代码也会执行。

9.7.2　主动引发异常

并非只有在程序运行出错时才会引发异常，Python 允许在代码中使用 raise 语句主动引发异常。raise 语句基本格式如下。

```
raise 异常类名                    #创建异常类的实例对象，并引发异常
raise 异常类实例对象              #引发异常类实例对象对应的异常
raise                            #重新引发刚刚发生的异常
```

Python 执行 raise 语句时，会引发异常并传递异常类的实例对象。

1. 用类名引发异常

raise 语句中指定异常类名时，创建该类的实例对象，然后引发异常。例如：

```
>>> raise IndexError
Traceback (most recent call last):
  File "<pyshell#32>", line 1, in <module>
    raise IndexError
IndexError
```

2. 用异常类实例对象引发异常

可以直接使用异常类实例对象来引发异常。例如：

```
>>> x=IndexError()        #创建异常类的实例对象
>>> raise x               #引发异常
Traceback (most recent call last):
  File "<pyshell#34>", line 1, in <module>
    raise x               #引发异常
IndexError
```

3. 传递异常

不带参数的 raise 语句可再次引发刚刚发生过的异常，其作用就是向外传递异常。例如：

```
>>> try:
raise IndexError      #引发 IndexError 异常
except:
print('出错了')
raise               #再次引发 IndexError 异常

出错了
Traceback (most recent call last):
  File "<pyshell#40>", line 2, in <module>
    raise IndexError    #引发 IndexError 异常
IndexError
```

4. 指定异常信息

在使用 raise 语句引发异常时，可以为异常类指定描述信息。例如：

```
>>> raise IndexError('索引下标超出范围')
Traceback (most recent call last):
  File "<pyshell#41>", line 1, in <module>
    raise IndexError('索引下标超出范围')
IndexError: 索引下标超出范围

>>> raise TypeError('使用了不兼容类型的数据')
Traceback (most recent call last):
  File "<pyshell#42>", line 1, in <module>
    raise TypeError('使用了不兼容类型的数据')
TypeError: 使用了不兼容类型的数据
```

另外，我们还可以使用 raise…from…语句，使得由一个异常引发另一个异常。例如：

```
>>> try:
5/0              #引发除 0 异常
except Exception as x:
raise IndexError('下标越界') from x     #引发另一个异常

Traceback (most recent call last):
  File "<pyshell#47>", line 2, in <module>
    5/0             #引发除 0 异常
ZeroDivisionError: division by zero

The above exception was the direct cause of the following exception:

Traceback (most recent call last):
  File "<pyshell#47>", line 4, in <module>
    raise IndexError('下标越界') from x     #引发另一个异常
IndexError: 下标越界
```

9.7.3　自定义异常类

当 Python 的内建异常类型不能满足我们的需要时，我们可以自定义异常的类型。自定义异常是一个类，其必须继承 Exception 或者 BaseException 类。按照命名规范，自定义异常通常以 Error 结尾，以显式地告诉程序员出现异常的类型，且只能通过 raise 语句手动抛出。

例 9.31　使用 raise 语句抛自定义异常。

```
class UserInfoError(Exception):
    def __init__(self,code,message):
        self.code=code
        self.message=message

    def __str__(self):
        errorJsonInfo='{"code":"%d","message":"%s"}'%(self.code,self.message)
        return errorJsonInfo

def throwException():
    try:
        userInfoDict={'admin':'admin'}
        username=input('please enter an username:')
        password=input('please enter a password:')
        if username!='admin':
```

```
            raise UserInfoError(50001,'username is not correct')
        elif userInfoDict[username]!=password:
            raise UserInfoError(50002,'password is not correct')

        else:
            print('login successfully')
    except UserInfoError as e:
        print('There is a UserInfoError')
        print(e)

throwException()
```

该程序首先定义一个异常类 UserInfoError，并指定其基类为 Exception。在__init__构造方法中初始化 code 属性和 message 属性，即保存错误的编号和错误的信息。在__str__方法中把错误信息封装成 JSON 格式的信息，以便使用 print 语句按 JSON 格式输出错误信息。

当用户输入用户名和密码后，首先判断用户名是否为 admin：如果不是，则抛出前面定义的 UserInfoError 异常，并创建这个异常类的实例华对象，作为异常参数提示用户名错误；如果是，则判断密码是否是用户字典 userInfoDict 中对应的密码，如果不是则同样抛出 UserInfoError 异常，并把该异常类的实例化对象作为异常参数，提示密码错误；如果用户名和密码与用户字典 userInfoDict 中的一致，则输出登录成功信息。运行结果如下。

1. 用户名不是 admin，密码是任意字符

```
>>>
please enter an username:123
please enter a password:123
There is a UserInfoError
{"code":"50001","message":"username is not correct"}
```

2. 用户名是 admin，密码不是 admin

```
>>>
please enter an username:admin
please enter a password:123
There is a UserInfoError
{"code":"50002","message":"password is not correct"}
```

3. 用户名和密码都是 admin

```
>>>
 please enter an username:admin
 please enter a password:admin
 login successfully
```

9.8　实例：用户注册信息

本节综合应用本章所学内容，创建一个用户注册信息管理系统。系统使用磁盘文件保存注册用户数据，可以读出文件中的数据进行查看、修改、删除和添加用户信息。同时，添加异常处理。在遇到异常时，打印提示信息，并将异常信息写入日志文件。

9.8.1　功能预览

用户注册信息管理系统包括主界面菜单、显示全部已注册用户、查看/修改/删除用户信息、

添加新用户、保存用户数据、退出系统等主要功能。

1. 主界面菜单

用户注册信息管理系统程序启动时，首先显示主界面，如下所示。

```
用户注册信息管理系统
        1. 显示全部已注册用户
        2. 查找/修改/删除用户信息
        3. 添加新用户
        4. 保存用户数据
        5. 退出系统
请输入序号选择对应菜单：
```

在主界面中，输入相应的序号选择对应菜单，执行相应操作。主界面菜单在每执行完一项操作后，会循环显示，直到选择退出系统。

2. 显示全部已注册用户

在主界面中根据提示输入 1，显示当前已经注册的全部用户信息。

```
用户注册信息管理系统
        1. 显示全部已注册用户
        2. 查找/修改/删除用户信息
        3. 添加新用户
        4. 保存用户数据
        5. 退出系统
请输入序号选择对应菜单：1
当前已注册用户信息如下。
        1. username=admin      password=123
        2. username=python      password=12345
按 Enter 键继续……
```

完成当前操作时，最下面会显示"按 Enter 键继续……"提示，按【Enter】键重新显示系统主界面菜单。

3. 查看/修改/删除用户信息

在主界面中根据提示输入 2，首先提示输入要查找的用户名。如果输入的用户名不存在，则显示提示，最后会返回主界面。

```
用户注册信息管理系统
        1. 显示全部已注册用户
        2. 查找/修改/删除用户信息
        3. 添加新用户
        4. 保存用户数据
        5. 退出系统
请输入序号选择对应菜单：2
请输入要查找的用户名：abc
        abc 不存在！
按 Enter 键继续……
```

如果输入的用户名存在，则进一步提示执行修改或删除操作。

```
用户注册信息管理系统
        1. 显示全部已注册用户
```

```
        2. 查找/修改/删除用户信息
        3. 添加新用户
        4. 保存用户数据
        5. 退出系统
请输入序号选择对应菜单: 2
请输入要查找的用户名: python
        python 已经注册!
请选择操作:
        1. 修改用户
        2. 删除用户
请输入序号选择对应操作: 1
请输入新的用户名: test
请输入新用户登录密码: 111111

已成功修改用户!

按 Enter 键继续......
```

如果选择删除查找到的用户，输入对应的序号即可执行删除操作。

```
用户注册信息管理系统
        1. 显示全部已注册用户
        2. 查找/修改/删除用户信息
        3. 添加新用户
        4. 保存用户数据
        5. 退出系统
请输入序号选择对应菜单: 2
请输入要查找的用户名: test
        test 已经注册!
请选择操作:
        1. 修改用户
        2. 删除用户
请输入序号选择对应操作: 2

已成功删除用户!

按 Enter 键继续......
```

4. 添加新用户

在主界面中根据提示输入 3，可执行添加新用户操作。首先提示输入新的用户名和密码，然后将其添加到当前用户列表中。

```
用户注册信息管理系统
        1. 显示全部已注册用户
        2. 查找/修改/删除用户信息
        3. 添加新用户
        4. 保存用户数据
        5. 退出系统
请输入序号选择对应菜单: 3
```

```
        请输入新的用户名：test
        你输入的用户名已经使用，请重新添加用户！


        按 Enter 键继续……
用户注册信息管理系统
        1. 显示全部已注册用户
        2. 查找/修改/删除用户信息
        3. 添加新用户
        4. 保存用户数据
        5. 退出系统
请输入序号选择对应菜单：3
        请输入新的用户名：Python
        请输入新用户登录密码：123
        已成功添加用户
按 Enter 键继续……
```

5. 保存用户数据

系统程序运行时，所有用户数据保存在一个列表对象中。在主界面中根据提示输入 4，可将当前用户数据列表对象保存到磁盘文件中。

```
用户注册信息管理系统
        1. 显示全部已注册用户
        2. 查找/修改/删除用户信息
        3. 添加新用户
        4. 保存用户数据
        5. 退出系统
请输入序号选择对应菜单：4
已成功保存用户信息

按 Enter 键继续……
```

6. 退出系统

在主界面中根据提示输入 5，可结束系统程序运行。

```
用户注册信息管理系统
        1. 显示全部已注册用户
        2. 查找/修改/删除用户信息
        3. 添加新用户
        4. 保存用户数据
        5. 退出系统
请输入序号选择对应菜单：5
谢谢使用，系统已退出
```

9.8.2　功能实现

系统功能实现的基本思路如下。

（1）系统运行时，使用一个列表对象来保存注册用户数据。用户查找、修改、删除和添加等操作都针对该列表进行。

（2）列表中每个元素为类的实例对象，对象的属性存储注册用户的用户名和登录密码，对象的方法提供修改属性值功能。

（3）注册用户数据存放在文件中，系统启动时将文件中保存的用户数据列表对象载入到程序中。通过系统菜单选择是否将当前用户数据写入文件保存。

（4）系统主界面循环显示，每执行完一个菜单操作后，都重新显示主界面，直到选择退出系统。

（5）设计时，各个菜单操作分别定义为一个函数。这样，主界面实现代码的结构非常清晰。

（6）系统发生异常时，除了将异常信息显示给用户外，还将异常信息写入文件 chapter9_do_log.txt。

下面是实现用户注册信息管理系统的代码。

例 9.32　用户注册信息管理系统。

```
'''
系统发生异常时，除了将异常信息显示给用户外，还将异常信息写入文件 chapter9_do_log.txt
'''
'''
导入 pickle 模块中的 dump、load 方法
dump 方法将对象写入文件，load 方法从文件载入对象
'''
try:
    from pickle import dump,load

    ##定义 user 类，实例对象的 uname 属性存储用户名，pwd 属性存储登录密码###
    class user:
        #构造函数__init__()创建实例对象时初始化用户名和登录密码，默认值为 None
        def __init__(self,uname=None,pwd=None):
            self.uname=uname
            self.pwd=pwd

        #update()方法修改用户名和登录密码
        def update(self,uname,pwd):
            self.uname=uname
            self.pwd=pwd

        #__repr()方法定义对象打印格式
        def __repr__(self):
            return 'username=%s\tpassword=%s'%(self.uname,self.pwd)
        #user 类代码结束

    ##函数 showall()显示当前已注册用户信息###
    def showall():
        global userlist                 #声明使用全局用户列表对象
        if len(userlist)==0:
            print('\t 当前无注册用户')
        else:
            print('\t 当前已注册用户信息如下：')
            n=0
            for x in userlist:              #遍历用户列表，打印用户信息
                n+=1
                print('\t%s. '%n,x)
        input('\n\t 按 Enter 键继续……\n')         #完成操作后，暂停
        ##函数 showall()代码结束

    ##check_update()执行查找、修改或删除操作###
```

```
def check_update():
        global userlist                        #声明使用全局用户列表对象
        uname=input('\t 请输入要查找的用户名:')
        index=find(uname)
        if index==-1:
            print('\t%s 不存在! '%uname)
        else:
            #用户名已注册，执行修改或删除操作
            print('\t%s 已经注册! '%uname)
            print('\t 请选择操作:')
            print('\t 1.修改用户')
            print('\t 2.删除用户')
            op=input('\t 请输入序号选择对应操作: ')
            if op=='2':
                #删除用户
                del userlist[index]
                print('\n\t 已成功删除用户! ')
            else:
                #修改用户信息
                uname=input('\t 请输入新的用户名:')
                if uname=='':
                    print('\t 用户名输入无效! ')
                else:
                    #检查是否已存在同名的注册用户
                    if find(uname)>-1:
                        print('\t 你输入的用户名已经使用! ')
                    else:
                        pwd=input('\t 请输入新用户登录密码: ')
                        if pwd=='':
                            print('\t 登录密码输入无效! ')
                        else:
                            userlist[index].update(uname,pwd)
                            print('\n\t 已成功修改用户! ')
        input('\n\t 按 Enter 键继续……\n')
        ##函数 check_update()代码结束
##函数 adduser()添加新用户###
def adduser():
        global userlist                        #声明使用全局用户列表对象
        uname=input('\t 请输入新的用户名:')
        if uname=='':
            print('\t 用户名输入无效! ')
        else:
            #检查是否已存在同名的注册用户
            if find(uname)>-1:
                print('\t 你输入的用户名已经使用，请重新添加用户! ')
            else:
                pwd=input('\t 请输入新用户登录密码: ')
                if pwd=='':
                    print('\t 登录密码输入无效! ')
                else:
                    userlist.append(user(uname,pwd))
                    print('\t 已成功添加用户! ')
```

```
                input('\n\t 按 Enter 键继续……')
                ##函数 adduser()结束


##函数 find(namekey)查找是否存在用户名为 namekey 的注册用户###
def find(namekey):
        global userlist            #声明使用全局用户列表对象
#如果注册用户列表 userlist 中存在与 namekey 值同名的用户，返回位置，否则返回-1
        n=-1
        for x in userlist:
            n+=1
            if x.uname==namekey:
                break
        else:
            n=-1
        return n
    ##函数 find 结束


##函数 save()将当前用户信息写入文件永久保存###
def save():
        global userlist            #声明使用全局用户列表对象
        #将用户信息写入文件永久保存
        myfile=open(r'userdata.bin','wb')      #打开文件
        dump(userlist,myfile)                  #将字典对象写入文件
        myfile.close()                         #关闭文件
        print('\t 已成功保存用户信息')
        input('\n\t 按 Enter 键继续……')
        ##函数 save 结束
#程序启动时，载入文件中的用户数据
myfile=open(r'userdata.bin','rb')      #打开文件
x=myfile.read()                        #读一个字节，检查文件是否为空
if x==b'':
    userlist=list()                    #初始化空列表
else:
    myfile.seek(0)
    userlist=load(myfile)              #从文件中载入注册用户列表
myfile.close()                         #关闭文件


#以死循环显示系统操作菜单，直到选择退出系统
while True:
    print('用户注册信息管理系统')
    print('\t1. 显示全部已注册用户')
    print('\t2. 查找/修改/删除用户信息')
    print('\t3. 添加新用户')
    print('\t4. 保存用户数据')
    print('\t5. 退出系统')
    no=input('请输入序号选择对应菜单: ')
    if no=='1':
        showall()                  #显示全部用户信息
    elif no=='2':
        check_update()             #执行查找、修改或删除操作
    elif no=='3':
```

```
            adduser()                     #执行添加新用户操作
        elif no=='4':
            save()                        #保存用户数据
        elif no=='5':
            print('谢谢使用，系统已退出')
            break
except  Exception as ex:
    from traceback import print_tb      #导入 print_tb 打印堆栈跟踪信息
    from datetime import datetime       #导入日期时间类，为日志文件写入当前日期时间
    log=open('chapter9_do_log.txt','a')    #打开异常日志文件
    x=datetime.today()                     #获得当前日期时间
    #为用户显示异常日志信息
    print('\n 出错了:')
    print('日期时间: ',x)
    print('异常信息: ',ex)
    print('堆栈跟踪信息: ')
    print_tb(ex.__traceback__)

    #将异常日志信息写入文件
    print('\n 出错了: ',file=log)
    print('日期时间: ',x,file=log)
    print('异常信息: ',ex.args[0],file=log)
    print('堆栈跟踪信息: ',file=log)
    print_tb(ex.__traceback__,file=log)
    log.close()                              #关闭异常日志文件
    print('发生了错误，系统已退出')
```

　　当用户信息数据文件 userdata.bin 在与源代码文件不在同一目录中时或者不存在时，测试程序能正确捕捉处理找不到文件的异常。IDLE 中显示的运行结果如下。

```
>>>

出错了:
日期时间:  2001-01-01 03:14:18.100000
异常信息:  [Errno 2] No such file or directory: 'userdata.bin'
堆栈跟踪信息:
  File "D:/Python 写书/Proj/第 9 章/Ex9_32.py", line 123, in <module>
    myfile=open(r'userdata.bin','rb')      #打开文件
发生了错误，系统已退出
```

　　打开磁盘中的 chapter9_do_log.txt，查看日志文件中是否写入了异常信息。如图 9-1 所示。

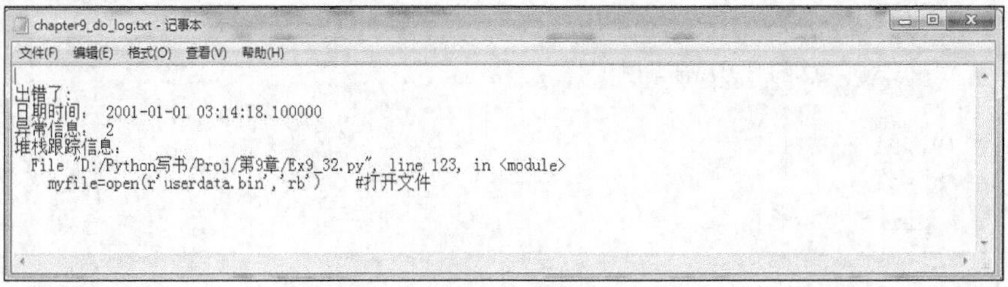

图 9-1　写入日志文件中的异常信息

小　结

本章主要讲解了类、对象及其属性和方法，包括构造方法__init__，还介绍了类的组合、继承与派生、多重继承等概念和运用，另外还介绍了 Python 重载的技术。最后，本章还讲解了 Python 异常的处理方式、捕获方式及如何抛出异常和自定义异常。

习　题

一、看程序写结果

1.

```python
class Person(object):
    '定义了一个 Person 类'
    __nation='中国'
    city='上海'
    def __init__(self,name,age,gender):
        self.name=name
        self.age=age
        self.__gender=gender

p=Person('小陈',20,'男')
print('nation:%s,city:%s'%(Person._Person__nation,Person.city))
print('nation:%s,city:%s'%(p._Person__nation,p.city))
print('nation:%s,age:%d,gender:%s'%(p.name,p.age.p._Person__gender))
p.city='北京'
print('nation:%s,city:%s'%(Person._Person__nation,Person.city))
print('nation:%s,city:%s'%(p._Person__nation,p.city))
print('nation:%s,city:%s'%(p._Person__nation,p.__class__.city))
```

2.

```python
class P1(object):
    def f(self):
        print('P1 的 f 方法被调用')

class P2(object):
    def f(self):
        print('P2 的 f 方法被调用')

    def g(self):
        print('P2 的 g 方法被调用')

class C1(P2,P1):
    def h(self):
        print('C1 的 h 方法被调用')

class C2(P2,P1):
    def g(self):
```

```
        print('C2 的 g 方法被调用')

class GC(C2,C1):
    pass

gc=GC()
gc.f()
gc.g()
gc.h()
```

3.

```
def testException():
    try:
        aint=123
        print(aInt)
        print(aint)
    except NameError as e:
        print('There is a NameError')
    except KeyError as e:
        print('There is a KeyError')
    except IndexError as e:
        print('There is a IndexError')

testException()
```

print(aInt) 与 print(aint) 交换后结果又会如何？

二、下面代码捕捉处理下标超出范围时引发的异常，请在空白处补充正确的代码

```
x=[1,2,3]
try:
    print(x[3])
except_____:
    print('程序出错，错误信息如下：')
    print(err)
_____
    print('程序运行结束')
```

程序运行时的输出结果如下。

```
程序出错，错误信息如下：
list index out of range
程序运行结束
```

三、上机练习

1. 设计一个类 Student，在类中定义两个方法，一个方法用于输入某个学生的 3 门成绩，另一个方法计算该学生的总分和平均分并输出。

2. 设计一个类 Methods，类中定义有公有类方法（pubClaMet）、私有类方法（priClaMet）、公有对象方法（pubObjMet）、私有对象方法（priObjMet）、公有静态方法（pubStaMet）和私有静态方法（priStaMet）。在主函数中创建类 Methods 的实例化对象，然后通过类名和对象名的方式分别访问这些方法。

第 10 章
Python 数据库编程

本章要点
- 访问 SQLite 数据库。
- 访问 MySQL 数据库。

Python 3.5 内置的 sqlite3 模块提供了 SQLite 数据库访问功能。借助于其他的扩展模块，Python 也可访问 SQL Server、Oracle、MySQL 或其他的各种数据库。

10.1 访问 SQLite 数据库

SQLite 是 Python 自带的唯一的关系数据库包，其他的关系数据库则需要通过第三方扩展来访问。Python 的 API（Application Programming Interface，应用程序编程接口）规范定义了底层 Python 脚本和数据库访问的 SQL（Structured Query Language，结构化查询语言）接口，各种关系数据库在实现 Python 的 SQL 接口时可能不会遵循 Python 规范，但其差异很小。SQLite 数据库是一种文件型的数据库，不需要安装独立的服务器。

10.1.1 了解 Python 的 SQL 接口

Python 的 SQL 接口主要通过 3 个对象完成各种数据库操作：连接对象、游标对象和 SQL select 查询结果。

1. 连接对象

连接对象用于创建数据库连接，所有的数据库操作均通过连接对象与数据库完成交互。连接对象可人于生成游标对象。

2. 游标对象

游标对象用于执行各种 SQL 语句：create table、update、insert、delete、select 等。通常连接对象也可执行各种 SQL 语句。通常，执行 select 语句都使用游标对象，查询结果保存在游标对象中。

3. select 查询结果

从游标对象中提取查询结果时，单个记录表示为元组，多个记录则用包含元组的列表表示。在 Python 脚本中，进一步使用元组或列表操作来处理从数据库返回的查询结果。

10.1.2　连接和创建 SQLite 数据库

访问 SQLite 数据库时，需要先导入 sqlite3 模块，然后调用 connect() 方法建立数据库连接。例如：

```
>>> import sqlite3        #导入模块
>>> sqlite3.sqlite_version        #查看 SQLite 运行库的版本
'3.7.4'
>>> cn=sqlite3.connect('userdata.db')    #连接 SQLite 数据库
```

connect() 方法参数为 SQLite 数据库文件名。如果指定的数据库不存在，则用该名称创建一个新的数据库。如果使用 ":memory:" 表示文件名，则 Python 会创建一个内存数据库。内存数据库中的所有数据均保存在内存中，关闭连接对象时，所有数据自动删除。例如：

```
>>> cnm=sqlite3.connect(':memory:')        #创建内存数据库
```

如果使用空字符串作为文件名，Python 会创建一个临时数据库。临时数据库有一个临时文件，所有数据保存在临时文件中。连接对象关闭时，临时文件和数据也会自动删除。例如：

```
>>> cntemp=sqlite3.connect('')        #创建临时数据库
```

执行完所有操作后，应执行 close() 方法关闭连接对象，释放占用的资源。例如：

```
>>> cn.close();cnm.close();cntemp.close()    #关闭所有连接
```

10.1.3　创建表

通过连接对象或游标对象的 execute() 方法执行 create table 语句创建表。例如：

```
>>> cn=sqlite3.connect('userdata.db')        #连接 SQLite 数据库
>>> cn.execute('create table test(name varchar(10),age int(2))') #通过连接对象创建表
<sqlite3.Cursor object at 0x0000000002F20F10>
>>> cur=cn.cursor()            #调用连接对象方法游标
>>> cur.execute('create table test2(name varchar(10),age int(2))')#通过游标对象创建表
<sqlite3.Cursor object at 0x0000000002F83CE0>
```

从语句执行结果显示 execute() 方法执行时，会返回一个游标对象。在执行 select 查询时，游标对象包含了查询结果集。执行其他语句时，返回的游标对象包含空的查询结果。

在前面的例子中使用了标准的 SQL create table 语法，varchar 和 int 属于标准的 SQL 的数据类型。在 SQLite 数据库中，数据类型包括 NULL（空值）、INTEGER（整数）、REAL（小数）、TEXT（文本）和 BLOB（二进制数据）。在 create table 语句中可使用 SQLite 数据类型。例如：

```
>>> n=cur.execute('create table test4(name text(10),age integer(2))')
```

SQLite 使用动态数据类型，存入字段的数据的类型决定字段采用的数据类型。在创建表时，指定了字段的数据类型。这是在告诉 SQLite 引擎准备存储字段的数据的类型，当向字段写入不匹配的类型时，SQLite 引擎会自动进行转换。如果转换会对数据造成损坏，则字段以数据的类型而不是定义时的类型来存储数据。如果使用表临时存放数据，则可以使用临时表。临时表在使用结束后自动从数据库删除。创建临时表使用 create temp table 语句。例如：

```
>>> n=cn.execute('create temp table temp(name text)')
```

10.1.4　添加记录

通过连接对象或游标对象的 execute() 方法执行 insert into 语句创建表。例如：

```
>>> n=cur.execute('insert into test(name,age)values("王五",25)')
>>> n=cur.execute('insert into test values("John",18)')
```

添加记录后，可使用游标对象的 rowcount 属性查看影响的记录行数。例如：

```
>>> cur.rowcount
1
```

SQLite 允许在 insert into 语句中使用问号表示参数，在 execute() 方法中用元组提供参数数据。例如：

```
>>> n=cur.execute('insert into test values(?,?)',('mike',20))
```

还可以使用 executemany() 方法一次添加多条记录，记录数据用元组列表表示。例如：

```
>>> n=cur.executemany('insert into test values(?,?)',[('Cate',17),('Tom',18)]) # 添
加 2 条记录
>>> cur.rowcount
2
```

执行记录相关的修改操作（添加、删除和更新）时，应执行连接对象的 commit() 方法提交修改。如果没有执行 commit() 方法，关闭连接对象后，所有修改都会失效。例如：

```
>>> cn.commit()
```

连接对象的另一个方法 rollback() 可用于撤销最后一次调用 commit() 方法后所做的修改。如：

```
>>> cn.rollback()
```

10.1.5　执行查询

执行 select 语句将返回数据库中的数据。例如：

```
>>> cur=cn.execute('select * from test')   #执行查询,返回游标对象
>>> cur.fetchall()        #提取游标对象中的全部查询结果
[('王五', 25), ('John', 18), ('mike', 20), ('Cate', 17), ('Tom', 18)]
```

使用连接对象执行 select 语句时，返回包含查询结果的游标对象。游标对象的 fetchall() 方法提取全部查询结果。提取出的查询结果中，每条记录为一个元组，所有记录的元组组成一个列表。

还可以使用游标对象来执行 select 语句。例如：

```
>>> cur=cn.cursor()      #创建游标对象
>>> cur.execute('select * from test')        #执行查询,查询结果保存在当前游标对象中
<sqlite3.Cursor object at 0x000000000317BC00>
>>> cur.fetchall()        #提取全部查询结果
[('王五', 25), ('John', 18), ('mike', 20), ('Cate', 17), ('Tom', 18)]
```

游标对象在执行 select 语句时，也可返回包含查询结果的游标对象，可将该对象赋值给变量。在前面的例子中，没有将返回的游标对象赋值给其他变量，所以查询结果仍保存在当前游标对象中。下面的语句使用另一个变量来引用游标对象执行 select 语句时返回的游标对象。

```
>>> c2=cur.execute('select * from test')
>>> c2.fetchall()
[('王五', 25), ('John', 18), ('mike', 20), ('Cate', 17), ('Tom', 18)]
```

另外，还可以使用循环来迭代 fetchall() 方法取回的数据。例如：

```
>>> cur=cn.execute('select * from test')
>>> for (x,y) in cur.fetchall():
print('姓名:%s\t 年龄:%s'%(x,y))


姓名:王五 年龄:25
姓名:John 年龄:18
姓名:mike 年龄:20
姓名:Cate 年龄:17
姓名:Tom 年龄:18
```

fetchall() 方法返回查询结果集中的全部记录，没有记录时返回一个空列表。如果记录较多，可能会使程序暂时失去响应。而 fetchone() 方法可以每次提取一条记录，返回的记录为一个元组。在达到表末尾时，返回 None。例如，下面的代码执行查询并输出全部记录。

```
>>> while True:
x=cur.fetchone()
if not x:break
print(x,'姓名:%s\t 年龄:%s'%(x[0],x[1]))


('John', 18) 姓名:John 年龄:18
('mike', 20) 姓名:mike 年龄:20
('Cate', 17) 姓名:Cate 年龄:17
('Tom', 18) 姓名:Tom　 年龄:18
```

fetchmany(n) 方法可以每次提取 n 条记录。不指定参数时，返回一条记录。例如：

```
>>> cur=cn.execute('select * from test')
>>> cur.fetchmany()        #返回 1 条记录
[('王五', 25)]
>>> cur.fetchmany(2)        #返回 2 条记录
[('John', 18), ('mike', 20)]
>>> cur.fetchmany(5)        #只剩余 2 条记录,不足指定数量,只返回有的记录
[('Cate', 17), ('Tom', 18)]
```

在到达表末尾时，fetchone() 方法返回 None，fechall() 和 fetchmany() 方法返回空列表。例如：

```
>>> cur.fetchone()
>>> cur.fetchall()
[]
>>> cur.fetchmany()
[]
```

如果需要再次使用表中的数据，则需要再次执行 execute() 方法从数据库表中返回记录。

使用保存 select 查询结果的游标对象的 description 属性可获得查询结果中各个列的名称，每个字段返回一个 7 元组，第一个元素为字段名称，其他元素为 None，然后可以使用列表解析来获得字段名列表。例如：

```
>>> cur.description
(('name', None, None, None, None, None, None), ('age', None, None, None, None, None, None))
>>> [x[0] for x in cur.description]
['name', 'age']
```

10.1.6　使用 Row 对象

Row 对象可存储数据表中每行记录的字段名和数据。要在查询结果中返回 Row 对象，需要将连接对象的 row_factory 属性设置为 "sqlite3.Row"。设置后，在游标对象的 fetchX 方法返回的数据中，每个记录为一个 Row 对象。可将 Row 对象转换为列表、元组、字典等序列对象。可对 Row 对象使用位置或字段名索引字段的值。Row 对象的 keys() 方法可返回字段名列表。例如：

```
>>> cn.row_factory=sqlite3.Row        #设置在查询结果中生成 Row 对象
>>> cur=cn.execute('select * from test') #执行查询
>>> cur.fetchall()                    #提取全部数据,可以看到每个记录对应一个 Row 对象
[<sqlite3.Row object at 0x0000000002118DB0>, <sqlite3.Row object at 0x00000000030B
2CB0>, <sqlite3.Row object at 0x000000000318E8B0>, <sqlite3.Row object at 0x0000000003
18E110>, <sqlite3.Row object at 0x000000000318E930>]
>>> cur=cn.execute('select * from test')    #重新执行查询获取数据
>>> r=cur.fetchone()          #返回一个 Row 对象
>>> list(r)                   #转换为列表
['王五', 25]
>>> tuple(r)                  #转换为元组
('王五', 25)
>>> dict(r)                   #转换为字典
{'age': 25, 'name': '王五'}
>>> r.keys()                  #返回字段名列表
['name', 'age']
>>> r[0],r['name']            #使用位置和字段名索引
('王五', '王五')
>>> for x in r:               #用循环迭代 Row 对象
print(x)


王五
25
>>> r=cur.fetchall()
>>> for x in r:
print(x,'姓名:%s\t 年龄:%s'%(x[0],x[1]))


<sqlite3.Row object at 0x00000000030B2CB0> 姓名:John 年龄:18
<sqlite3.Row object at 0x000000000318E970> 姓名:mike 年龄:20
<sqlite3.Row object at 0x000000000318E990> 姓名:Cate 年龄:17
<sqlite3.Row object at 0x000000000318E110> 姓名:Tom 年龄:18
```

10.1.7　修改记录

执行 update 语句可修改表中的记录。例如：

```
>>> import sqlite3
>>> cn=sqlite3.connect('testdb.dat')
>>> n=cn.execute('create table test(name text primary key,age int)')
#添加记录
>>> n=cn.executemany('insert into test values(?,?)',[('python',20),('book',20),('
李四',20)])
#执行 update 语句修改记录
>>> n=cn.execute('update test set age=25 where name=?',('book'))
Traceback (most recent call last):
  File "<pyshell#4>", line 1, in <module>
    #执行 update 语句修改记录
    n=cn.execute('update test set age=25 where name=?',('book'))
sqlite3.ProgrammingError: Incorrect number of bindings supplied. The current state
ment uses 1, and there are 4 supplied.
#执行 update 语句修改记录
>>> n=cn.execute('update test set age=25 where name=?',('book',))
>>> n.rowcount                 #结果显示修改了 1 条记录
1
>>> n=cn.execute('select * from test')   #返回记录，比对修改结果
>>> n.fetchall()                         #book 对应的 age 字段已修改
[('python', 20), ('book', 25), ('李四', 20)]
>>> cn.commit()                          #提交修改
```

下面给出同时修改 name 和 age 字段。

```
>>> n=cn.execute('update test set name=?,age=? where name=?',('java',25,'python'))
>>> cn.commit()
>>> n=cn.execute('select * from test')
>>> n.fetchall()
[('java', 25), ('book', 25), ('李四', 20)]
```

10.1.8　删除记录

执行 delete 语句可删除记录。例如：

```
>>> n=cn.execute('delete from test where name="book"')   #删除 name 字段为"book"的记录
>>> cn.commit()
>>> n=cn.execute('select * from test')
>>> n.fetchall()
[('java', 25), ('李四', 20)]
```

如果需要删除全部记录，执行 delete 语句不指定 where 条件记录。例如：

```
>>> n=cn.execute('delete from test ')    #删除全部记录
>>> cn.commit()
>>> n=cn.execute('select * from test')
>>> n.fetchall()
[]
```

结果显示所有记录已经删除。

执行记录相关的修改操作（添加、删除或更新）时，应执行连接对象的 commit()方法提交修改。如果没有执行 commit()方法，则关闭连接对象后，所有修改都会失效。

10.1.9　实例：导入文件中的数据

这里有一个 Excel 文件 stu.xls，其中包含的数据如图 10-1 所示。

在 Python 程序中将 stu.xls 中的数据导入 SQLite 数据库有两种方法，将 Excel 文件转换为 csv 文件再导入，或者使用第三方扩展库 xlrd 直接读取 Excel 文件。这里只介绍第一种方法。

首先，在 Excel 中打开 stu.xls，然后选择将文件另存为 csv 文件 stu.csv。csv 文件是一个文本文件，用逗号分隔每行中的数据，如图 10-2 所示。

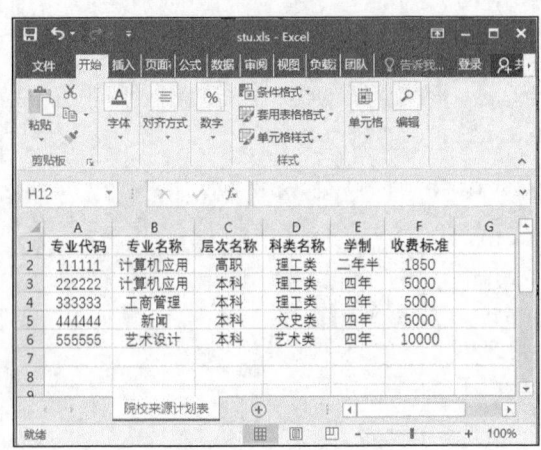

图 10-1　Excel 文件中的数据

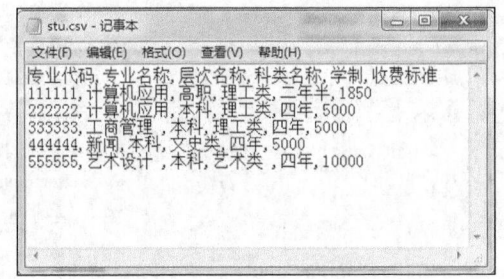

图 10-2　csv 文件中的数据

Python 的 csv 模块提供了操作 csv 文件的方法。下面的代码创建一个名为 stu.dat 的 SQLite 数据库。在 stu.dat 数据库中创建一个 data 表，然后将 stu.csv 文件中的数据导入表中。

例 10.1　将 Excel 文件导入到数据库中。

```
>>> import sqlite3        #导入 sqlite3 模块
>>> cn=sqlite3.connect('stu.dat')      #创建连接对象，连接到数据库
>>> sql="create table data(专业代码 text,专业名称 text,层次 text,科类 text,学制 text,收费标准 int)"
>>> cn.execute(sql)        #执行 create table 创建表
<sqlite3.Cursor object at 0x0000000002F80F10>
>>> mf=open('stu.csv',newline='')     #打开文件，newline=''表示用空字符代替回车换行符号
>>> import csv        #导入 csv 模块
>>> data=csv.reader(mf,delimiter=',')     #读出 csv 文件中的数据
>>> dl=[]
>>> for x in data:                #将读出的 csv 文件数据转换为元组的列表
dl.append(tuple(x))


>>> print(dl)
[('专业代码', '专业名称', '层次名称', '科类名称', '学制', '收费标准'), ('111111', '计算机应用', '高职', '理工类', '二年半', '1850'), ('222222', '计算机应用', '本科', '理工类', '四年', '5000'), ('333333', '工商管理 ', '本科', '理工类', '四年', '5000'), ('444444', '新闻', '本科', '文史类', '四年', '5000'), ('555555', '艺术设计 ', '本科', '艺术类 ', '四年', '10000')]
>>> del dl[0]        #删除第一个元组中的字段名称
>>> cn.executemany('insert into data values(?,?,?,?,?,?)',dl)    #将数据写入数据库表
```

```
<sqlite3.Cursor object at 0x000000000304B810>
>>> cur=cn.execute('select * from data')       #执行查询，查看写入的数据
>>> for x in cur.fetchall():print(x)           #每个记录打印在一行

('111111', '计算机应用', '高职', '理工类', '二年半', 1850)
('222222', '计算机应用', '本科', '理工类', '四年', 5000)
('333333', '工商管理 ', '本科', '理工类', '四年', 5000)
('444444', '新闻', '本科', '文史类', '四年', 5000)
('555555', '艺术设计 ', '本科', '艺术类 ', '四年', 10000)
>>> cn.commit()
```

10.2　访问 MySQL 数据库

MySQL 是一个关系型数据库管理系统，由瑞典的 MySQL AB 公司开发，后被 Sun 收购，再由 Oracle 从 Sun 收购。MySQL 有多个版本，其中社区版是免费的，由于具备体积小、速度快、部署成本低、开放源码等诸多优点，MySQL 一直是中小型网站和系统的数据库最优选择。

要使用 MySQL 数据库，需要先安装 MySQL 服务器。在服务器中创建数据库，然后通过客户端程序访问数据库。目前，MySQL 安装中的 Connector/Python 只有 Python 3.4 等部分的驱动程序，所以需要先在系统中安装 Python 3.4 等。安装后重新启动 MySQL 安装程序即可。该驱动程序安装在 Python 3.4 安装目录下的 "Lib\site-packages" 目录中，可将其添加到系统环境变量 PYTHONPATH 中。这样设置后，在 Python 3.5 中也可以使用 Connector/Python(3.4) 来访问 MySQL 数据库。

10.2.1　访问 MySQL 数据库实例

下面的代码先创建一个 MySQL 数据库 studb，在数据库中创建一个表 data，然后将 10.1.9 节中使用的 stu.csv 文件中的数据导入表 data 中。通过该实例，了解访问 MySQL 数据库的基本过程。

例 10.2　访问 MySQL 数据库实例。

```
#打开文件，newline=''表示用空字符代替回车换行符号
mf=open('e:/pytemp/stu.csv',newline='')
import csv                       #导入 csv 模块
data=csv.reader(mf,delimiter=',')    #读出 csv 文件中的数据
dl=[]
for x in data:                   #将读出的 csv 文件数据转换为元组的列表
    dl.append(tuple(x))
del dl[0]                        #去掉标题行
import mysql.connector as mc     #导入 MySQL 连接器模块
cn=mc.connect(host='localhost',user='root',password='admin')  #连接 MySQL 数据库
cur=cn.cursor()                  #创建游标对象
cur.execute('create database studb CHARACTER SET gbk COLLATE gbk_chinese_ci;')
cn.database='studb'              #将新建的数据设置为当前数据库
sql='create table data(code varchar(6),name varchar(15),level varchar(6),kl varchar(5),
xz varchar(3),price smallint,CONSTRAINT pk_codeclass PRIMARY KEY (code,level,kl))'
cur.execute(sql)                 #执行 create table 语句创建表
cur.executemany('insert into data values(%s,%s,%s,%s,%s,%s)',dl)   #将列表数据写入表
```

```
cur.execute('select * from data order by level,kl,code')   #执行查询, 返回写入的数据
for x in cur.fetchall():                                    #输出查询结果
    print(x)
cn.commit()                          #提交修改
cn.close()                           #关闭连接
mf.close()                           #关闭文件
```

代码运行结果如下:

```
('222222', '计算机应用', '本科', '理工类', '四年', 5000)
('333333', '工商管理 ', '本科', '理工类', '四年', 5000)
('444444', '新闻', '本科', '文史类', '四年', 5000)
('555555', '艺术设计 ', '本科', '艺术类 ', '四年', 10000)
('111111', '计算机应用', '高职', '理工类', '二年半', 1850)
>>>
```

从代码中可以看到, 访问 MySQL 数据库与 SQLite 数据库相比较, 除了创建连接对象的方式不同, 其他游标对象的使用和完成的各种操作完全相同。

下面将详细介绍使用 Python 访问 MySQL 数据库的各项技术细节。

10.2.2 连接 MySQL 服务器

使用 Python 访问 MySQL 服务器或数据库时, 都需要先建立连接, 即创建 Python 的 SQL 接口的连接对象, 所有数据库操作均通过连接完成。

1. 建立连接

MySQL 连接器提供了两种方法来建立连接。

- 调用 mysql.connector.connect()函数。
- 调用 mysql.connector.MySQLConnection()类。

例如:

```
>>> import mysql.connector
>>> cn1=mysql.connector.connect(host='localhost',user='root',password='admin')
>>> cn2=mysql.connector.MySQLConnection(user='root',password='admin',db='studb')
```

connect() 函数和 MySQLConnection() 类都使用指定参数连接到 MySQL 服务器, 返回表示连接对象的 MySQLConnection 类的实例对象。建立连接时, 如果没有指定参数, 则使用各个参数的默认值进行连接, 然后使用下面的属性来查看连接的相关信息。

- charset 属性: 返回连接使用的字符集。
- collation 属性: 返回连接使用的排序规则。
- server_host 属性: 返回 MySQL 服务器所在主机的名称或 IP 地址。
- server_port 属性: 返回访问 MySQL 服务器的 TCP/IP 协议访问端口。
- user 属性: 返回连接用户名。

例如:

```
>>> cn1.charset
'utf8'
>>> cn1.collation
'utf8_general_ci'
>>> cn1.server_port
```

```
3306
>>> cn1.user
'root'
```

2. 关于当前数据库

MySQL 连接器允许通过当前连接使用多个数据库，但只有一个当前数据库。使用连接器对象的 database 属性查看或设置当前数据库。例如：

```
>>> cn1.database='mysql'          #将当前数据库设置为mysql（系统数据库）
>>> cn1.database          #查看当前数据库名称
'mysql'
>>> cn2.database
'studb
```

如果在连接参数中指定了连接的数据库，则访问数据库对象（表、视图等）时，默认为当前数据库的对象。要访问其他数据库的对象，则需要用"数据库名."作为限定词。例如，访问 studb 数据库的 data 表时，使用 studb.data。

3. 测试连接是否可用

使用连接对象的 ping() 或 is_connected() 方法来测试连接是否可用。

● ping() 方法：连接可用时返回空值，否则抛出 InterfaceError 异常。

● is_connected() 方法：在连接可用时返回 True，否则返回 False。

例如：

```
>>> cn1.ping()               #测试连接，连接可用，返回空值
>>> cn3=mysql.connector.connect(host='localhost',user='root',password='admin')
>>> cn3.ping()
>>> cn1.is_connected()       #测试连接，连接可用，返回 True
True
```

4. 修改和重建连接

通过连接对象修改连接参数，修改连接参数后需要重新连接使修改生效。

● config() 方法：在建立连接后，用该方法修改连接参数配置，修改后，用 reconnect() 方法重建连接。

● cmd_change_user() 方法：可改变连接使用的用户名、密码、数据库和字符集。

例如：

```
>>> cn1.config(user='root',password='admin')       #修改连接参数
>>> cn1.reconnect()                   #重建连接
>>> cn1.ping()
>>> cn1.is_connected()
True
>>> cn2.cmd_change_user(username='root',password='admin',database='studb')
{'affected_rows': 0, 'insert_id': 0, 'field_count': 0, 'status_flag': 2, 'warning_
count': 0}
>>> cn2.reconnect()
>>> cn2.is_connected()
True
```

cmd_change_user() 方法返回封装了的 OK 信息，包括服务器状态、影响的行数、警告个数、返回的字段数等。如果警告个数不为 0，则说明操作执行失败。

5. 关闭连接

访问完了 MySQL，使用下面的方法关闭连接。

- close()方法：向 MySQL 服务器发送 QUIT 语句，关闭当前连接。
- disconnect()方法：与 close()方法相同。
- shutdown()方法：不发送 QUIT，直接关闭当前连接。

MySQL 服务器收到 QUIT 命令后，主动释放连接占用的资源。而 shutdown() 方法不发送 QUIT，所以客户端断开连接后，服务器中该连接的资源依然保持，直到超时系统会释放。

例如：

```
>>> cn1=mysql.connector.connect(host='localhost',user='root',password='admin') # 建
立连接
>>> cn2=mysql.connector.connect(user='root',password='admin',db='studb')
>>> cn1.close()                                        #关闭连接
>>> cn2.shutdown()                                     #关闭连接
```

10.2.3 MySQL 数据库操作

数据库基本操作包括创建数据库、修改数据库和删除数据库。

1. 创建数据库

MySQL 使用 create 语句来创建数据库，其基本格式如下。

```
create {database|schema} [ if not exists] db_name[options]
```

例如：

```
create database test                     #最简单的创建数据库命令
create database if not exists test2      #避免创建同名数据库
```

database 和 schema 作用相同，都表示创建数据库，所以 MySQL 的数据库也称为模式。if not exists 表示在服务器中不存在同名数据库时才创建数据库，避免出错。db_name 为数据库名称，最长不超过 64 个字节。options 为数据库选项，用于设置数据库字符集和排序规则，默认情况下使用服务器默认设置，其基本格式为：character set 字符集名称 collate 排序规则。这里要特别强调的是，为了使数据库正确处理中文，在创建数据库时应指明使用支持汉字的字符集和对应的排序规则。

在 Python 中，首先建立到 MySQL 服务器的连接，然后调用连接对象的 cmd_query() 方法向服务器发送 create database 语句来创建数据库。

例如，下面的语句创建支持中文的数据库。

```
>>> import mysql.connector
>>> cn=mysql.connector.connect(user='root',password='admin') #创建服务器连接
>>> cn.cmd_query('create database test1 character set gbk collate gbk_chinese_ci')
#创建数据库
{'insert_id': 0, 'warning_count': 0, 'status_flag': 0, 'field_count': 0, 'affected
_rows': 1}
>>> cn.cmd_query('create database test2 character set utf8 collate utf8_general_ci
')    #创建数据库
{'insert_id': 0, 'warning_count': 0, 'status_flag': 0, 'field_count': 0, 'affected
_rows': 1}
```

使用 mysql.connector.constants.CharacterSet 类提供的方法查看 MySQL 服务器支持的字符集和

对应的排序规则。下面的代码先使用 get_supported() 方法显示了全部支持的字符集，然后使用 get_charset_info() 方法查看一个支持中文的字符集编码信息。

```
>>> mysql.connector.constants.CharacterSet.get_supported()        #查看字符集清单
('big5', 'latin2', 'dec8', 'cp850', 'latin1', 'hp8', 'koi8r', 'swe7', 'ascii', 'uj
is', 'sjis', 'cp1251', 'hebrew', 'tis620', 'euckr', 'latin7', 'koi8u', 'gb2312', 'gree
k', 'cp1250', 'gbk', 'cp1257', 'latin5', 'armscii8', 'utf8', 'ucs2', 'cp866', 'keybcs2
', 'macce', 'macroman', 'cp852', 'utf8mb4', 'utf16', 'utf16le', 'cp1256', 'utf32', 'bi
nary', 'geostd8', 'cp932', 'eucjpms', 'gb18030')
>>> mysql.connector.constants.CharacterSet.get_charset_info('gbk')    #查看字符集信息
(28, 'gbk', 'gbk_chinese_ci')
>>> mysql.connector.constants.CharacterSet.get_charset_info('gb2312')    #查看字符集信息
(24, 'gb2312', 'gb2312_chinese_ci')
>>> mysql.connector.constants.CharacterSet.get_charset_info('utf8')    #查看字符集信息
(33, 'utf8', 'utf8_general_ci')
```

2. 修改数据库

修改数据库的字符集或排序规则，其基本格式如下。

```
alter{database|schema}character set 字符集名称 collate 排序规则
```

例如：

```
>>> cn.cmd_query('create database example')        #创建数据库
{'insert_id': 0, 'warning_count': 0, 'status_flag': 0, 'field_count': 0, 'affected
_rows': 1}
>>> cn.cmd_query('alter database example character set gbk collate gbk_chinese_ci'
) #修改数据库
{'insert_id': 0, 'warning_count': 0, 'status_flag': 0, 'field_count': 0, 'affected
_rows': 1}
```

3. 删除数据库

删除数据库名称的语句基本格式如下。

```
drop{database|schema}db_name
```

例如：

```
>>> cn.cmd_query('drop database example')
{'insert_id': 0, 'warning_count': 0, 'status_flag': 256, 'field_count': 0, 'affect
ed_rows': 0}
```

当然也可以使用游标对象的 execute() 方法来执行各种数据库操作。例如：

```
>>> import mysql.connector
>>> cn=mysql.connector.connect(user='root',password='admin')  #创建服务器连接
>>> cur=cn.cursor()        #创建游标对象
>>> cur.execute('create database example')            #创建数据库
>>> cur.execute('alter database example character set gbk collate gbk_chinese_ci')
#修改数据库
>>> cur.execute('drop database example')      #删除数据库
```

10.2.4　MySQL 表操作

建立连接后，MySQL 数据库中的表操作和 SQLite 数据库中的表操作类似，使用游标对象的 execute() 方法操作表，包括创建表、修改表、添加记录、删除记录、执行查询等。

例 10.3　MySQL 表操作示例。

```
>>> import mysql.connector as mc        #导入模块
>>> cn=mc.connect(user='root',password='admin')    #建立连接
>>> cur=cn.cursor()            #创建游标对象
>>> cur.execute('drop database if exists test')    #如果数据库test存在,则删除
>>> cur.execute('create database test')    #创建数据库
>>> cn.database='test'        #设置为当前数据库
>>> cur.execute('create table data(id int(3) auto_increment primary key,name varch
ar(10),age tinyint)')      #创建表
>>> cur.execute('insert into data(name,age) values("admin",20)')        #添加记录
>>> cur.execute('insert into data(name,age) values("python",30)')      #添加记录
>>> cn.commit()                    #提交记录添加操作
>>> cur.execute('select * from data')            #执行查询
>>> cur.fetchall()                #提取查询结果
[(1, 'admin', 20), (2, 'python', 30)]
>>> cur.execute('update data set name="John",age=30 where id=1')    #修改记录
>>> cur.execute('select * from data')
>>> cur.fetchall()                            #显示id为1的记录已被修改
[(1, 'John', 30), (2, 'python', 30)]
>>> cur.execute('delete from data where id=1')        #删除id为1的记录
>>> cur.execute('select * from data')
>>> cur.fetchall()
[(2, 'python', 30)]
>>> cur.execute('truncate table data')      #删除表中全部数据
>>> cur.execute('select * from data')
>>> cur.fetchall()
[]
>>> cur.execute('drop table data')      #删除表
```

10.2.5 MySQL 查询参数

在 Python 中执行 MySQL 查询时,使用 Python 风格的查询参数,并使用连接器的 paramstyle 属性查看参数格式。例如:

```
>>> import mysql.connector as mc
>>> mc.paramstyle
'pyformat'
```

pyformat 表示参数采用 Python 风格,即在 select 查询字符串中用 "%s" 表示参数,实际参数 按先后顺序放在元组中。

例 10.4　MySQL 查询参数示例。

```
>>> cur.execute('create table data(id int(3) auto_increment primary key,name varch
ar(10),age tinyint)')
>>> cur.execute('insert into data(name,age) values("admin",20)')
>>> cur.execute('insert into data(name,age) values("python",30)')
>>> cur.execute('insert into data(name,age) values("John",25)')
>>> cur.execute('select * from data')
>>> cur.fetchall()
[(1, 'admin', 20), (2, 'python', 30), (3, 'John', 25)]
>>> cur.execute('select * from data where age>%s',(25,))    #单个参数
>>> cur.fetchall()
```

```
[(2, 'python', 30)]
>>> dl=[('Tom',18),('Mike',23)]
>>> cur.executemany('insert into data(name,age) values(%s,%s)',dl)        #多个参数
>>> cur.execute('select * from data')
>>> cur.fetchall()
[(1, 'admin', 20), (2, 'python', 30), (3, 'John', 25), (4, 'Tom', 18), (5, 'Mike', 23)]
```

还可以使用 "%(pname)s" 表示命名参数，实际参数放在字典中。例如：

```
>>> cur.execute('select * from data where age>%(age)s',{'age':23})        #单个参数
>>> cur.fetchall()
[(2, 'python', 30), (3, 'John', 25)]
>>> dl=({'name':'cat','age':21},{'name':'doge','age':22})
>>> cur.executemany('insert into data(name,age) values(%(name)s,%(age)s)',dl)        #
多个命名参数
>>> cur.execute('select * from data')
>>> cur.fetchall()
[(1, 'admin', 20), (2, 'python', 30), (3, 'John', 25), (4, 'Tom', 18), (5, 'Mike',
23), (6, 'cat', 21), (7, 'doge', 22)]
```

　　　　最后别忘记用 cn.commit()语句把以上对数据表的所有操作真正提交到数据库的数据表中。

10.3　实例：加入数据库的用户注册信息系统

　　本节综合应用本章所学内容，修改第 9 章中的实例，将用户数据改为使用 SQLite 数据库存储。修改后的程序运行界面基本不变，只是将主界面菜单中的"保存用户数据"菜单改成了"创建/重置用户数据库"。第一次运行系统时，选择"创建/重置用户数据库"可以创建用户数据库，再次选择该命令时清除数据库中全部已注册用户数据。修改后的程序中所有用户数据操作都直接针对数据库，不再在程序中运行时用列表保存用户数据。修改后的程序代码如下例。

　　例 10.5　综合实例。

```
'''
用户注册信息管理系统
功能包括：
    1.查看全部已注册用户信息
    2.查找用户信息
    3.修改用户信息
    4.删除用户信息
    5.添加新用户
    6.创建/重置用户数据库
每个注册用户的信息包括用户名(userid)和密码(password)
所有用户数据保存在 SQLite 数据库 userinfo.dat 的表 users 中
程序启动后，显示操作菜单，并根据选择执行不同的操作
各种菜单操作定义为函数，调用函数完成对应操作
'''
'''
系统发生异常时，除了将异常信息显示给用户外，还将异常信息写入文件 chapter9_do_log.txt
```

```
'''
try:
    ##定义 user 类, 实例对象的 uname 属性存储用户名, pwd 属性存储登录密码###
    class user:
        #构造函数__init__()创建实例对象时初始化用户名和登录密码, 默认值为 None
        def __init__(self,uname=None,pwd=None):
            self.uname=uname
            self.pwd=pwd

        #update()方法修改用户名和登录密码
        def update(self,uname,pwd):
            self.uname=uname
            self.pwd=pwd

        #__repr()方法定义对象打印格式
        def __repr__(self):
            return 'username=%s\tpassword=%s'%(self.uname,self.pwd)
        #user 类代码结束

    ##函数 showall()显示当前已注册用户信息###
    def showall():
        try:
            import sqlite3                    #导入模块
            cn=sqlite3.connect('e:/pytemp/userinfo.dat')    #连接 SQLite 数据库
            cur=cn.execute('select * from users')        #查询所有用户数据
            users=cur.fetchall()
            if len(users)==0:
                print('\t 当前无注册用户')
            else:
                print('\t 当前已注册用户信息如下: ')
                n=0
                for x in users:            #遍历用户列表, 打印用户信息
                    n+=1
                    print('\t%s. '%n,x)
            cn.close()                        #关闭数据库连接
            input('\n\t 按 Enter 键继续……\n')            #完成操作后, 暂停
        except Exception as ex:
            print('\t 数据库访问出错:',ex)
            raise ex                        #向外传递异常, 以便统一写入日志
        ##函数 showall()代码结束

    ##check_update()执行查找、修改或删除操作###
    def check_update():
        try:
            import sqlite3                    #导入模块
            cn=sqlite3.connect('e:/pytemp/userinfo.dat')    #连接 SQLite 数据库
            uname=input('\t 请输入要查找的用户名:')
            index=find(uname)
            if index==-1:
                print('\t%s 不存在! '%uname)
            else:
```

```
                    #用户名已注册，执行修改或删除操作
                    print('\t%s 已经注册! '%uname)
                    print('\t 请选择操作:')
                    print('\t 1.修改用户')
                    print('\t 2.删除用户')
                    op=input('\t 请输入序号选择对应操作: ')
                    if op=='2':
                        #删除用户
                        cn.execute('delete from users where userid=?',(uname,))
                        cn.commit()                 #提交删除
                        print('\n\t 已成功删除用户! ')
                    else:
                        #修改用户信息
                        newname=input('\t 请输入新的用户名:')
                        if newname=='':
                            print('\t 用户名输入无效! ')
                        else:
                            #检查是否已存在同名的注册用户
                            if find(newname)>-1:
                                print('\t 你输入的用户名已经使用! ')
                            else:
                                pwd=input('\t 请输入新用户登录密码: ')
                                if pwd=='':
                                    print('\t 登录密码输入无效! ')
                                else:
                                    cn.execute('update users set userid=?,password=?
where userid=?',(newname,pwd,uname))  #修改用户数据
                                    cn.commit()     #提交修改
                                    print('\n\t 已成功修改用户! ')
                cn.close()
                input('\n\t 按 Enter 键继续......\n')
        except Exception as ex:
            print('\t 数据库访问出错:',ex)
            raise ex                   #向外传递异常，以便统一写入日志
    ##函数 check_update()代码结束
##函数 adduser()添加新用户###
def adduser():
    try:
        import sqlite3               #导入模块
        cn=sqlite3.connect('e:/pytemp/userinfo.dat')    #连接 SQLite 数据库
        uname=input('\t 请输入新的用户名:')
        if uname=='':
            print('\t 用户名输入无效! ')
        else:
            #检查是否已存在同名的注册用户
            if find(uname)>-1:
                print('\t 你输入的用户名已经使用，请重新添加用户! ')
            else:
                pwd=input('\t 请输入新用户登录密码: ')
```

```
                    if pwd=='':
                        print('\t 登录密码输入无效！')
                    else:
                        cn.execute('insert into users values(?,?)',(uname,pwd))
                        cn.commit()                    #提交添加操作
                        print('\t 已成功添加用户！')
            cn.close()                                 #关闭数据库
            input('\n\t 按 Enter 键继续……')
        except Exception as ex:
            print('\t 数据库访问出错：',ex)
            raise ex                    #向外传递异常，以便统一写入日志
    ##函数 adduser()结束


##函数 find(namekey)查找是否存在用户名为 namekey 的注册用户###
def find(namekey):
    try:
        import sqlite3                  #导入模块
        cn=sqlite3.connect('e:/pytemp/userinfo.dat')    #连接 SQLite 数据库
        cur=cn.execute('select * from users where userid=?',(namekey,))
                        #查询数据库
        user=cur.fetchall()
        #如果存在与 namekey 值同名的用户，返回 1，否则返回-1
        if len(user)>0:
            n=1
        else:
            n=-1
        cn.close()                    #关闭数据库
        return n
    except Exception as ex:
        print('\t 数据库访问出错：',ex)
        raise ex                    #向外传递异常，以便统一写入日志
    ##函数 find 结束##


##函数 resetdb()重置用户数据库(删除已注册用户数据)###
def resetdb():
    try:
        import sqlite3                  #导入模块
        cn=sqlite3.connect('e:/pytemp/userinfo.dat')    #连接 SQLite 数据库
        cn.execute('drop table if exists users')       #若表存在，则删除它
        cn.execute('create table users(userid text primary key,password text)')
#创建表
        cn.close()                              #关闭数据库连接
        print('\t 已成功重置用户数据库')
        input('\n\t 按 Enter 键继续……')
    except Exception as ex:
        print('\t 数据库访问出错：',ex)
        raise ex                    #向外传递异常，以便统一写入日志
    ##函数 resetdb()结束##
#程序启动时，载入文件中的用户数据
myfile=open(r'userdata.bin','rb')        #打开文件
```

```
        x=myfile.read()                          #读一个字节，检查文件是否为空
    if x==b'':
        userlist=list()                          #初始化空列表
    else:
        myfile.seek(0)
        userlist=load(myfile)                    #从文件中载入注册用户列表
    myfile.close()                               #关闭文件

    #以死循环显示系统操作菜单，直到选择退出系统
    while True:
        print('用户注册信息管理系统')
        print('\t1. 显示全部已注册用户')
        print('\t2. 查找/修改/删除用户信息')
        print('\t3. 添加新用户')
        print('\t4. 创建/重置用户数据库')
        print('\t5. 退出系统')
        no=input('请输入序号选择对应菜单: ')
        if no=='1':
            showall()                    #显示全部用户信息
        elif no=='2':
            check_update()               #执行查找、修改或删除操作
        elif no=='3':
            adduser()                    #执行添加新用户操作
        elif no=='4':
            resetdb()                    #创建/重置用户数据库
        elif no=='5':
            print('谢谢使用，系统已退出')
            break
except  Exception as ex:
    from traceback import print_tb       #导入 print_tb 打印堆栈跟踪信息
    from datetime import datetime        #导入日期时间类，为日志文件写入当前日期时间
    log=open('chapter9_do_log.txt','a')  #打开异常日志文件
    x=datetime.today()                           #获得当前日期时间
    #为用户显示异常日志信息
    print('\n 出错了:')
    print('日期时间: ',x)
    print('异常信息: ',ex)
    print('堆栈跟踪信息: ')
    print_tb(ex.__traceback__)

    #将异常日志信息写入文件
    print('\n 出错了: ',file=log)
    print('日期时间: ',x,file=log)
    print('异常信息: ',ex.args[0],file=log)
    print('堆栈跟踪信息: ',file=log)
    print_tb(ex.__traceback__,file=log)
    log.close()                                  #关闭异常日志文件
    print('发生了错误，系统已退出')
```

小 结

本章主要介绍了如何在 Python 程序中访问 SQLite、MySQL 数据库。访问数据库时，首先需要建立数据库连接，然后执行各种 SQL 语句来操作数据库。数据库通常作为系统后台的数据存储方法，使用 Python 提供的 SQL 接口可以轻松实现数据库访问。

习 题

1. 为 Python 提供 SQLite 数据库访问功能的模块名称是什么？访问 SQLite 数据库主要使用哪些对象？其作用是什么？

2. 为 Python 提供 MySQL 数据库访问功能的模块名称是什么？访问 MySQL 数据库主要使用哪些对象？其作用是什么？

第11章
tkinter GUI 编程

本章要点

- ■ tkinter 编程基础。
- ■ tkinter 组件。
- ■ 对话框。

本章将介绍使用 tkinter 模块来创建 Python 的 GUI 应用程序的方法。tkinter 模块是 Python 内置的标准 GUI（Graphical User Interface，图形用户界面）库，其使 GUI 编程变得简洁和简单。GUI 是图形化用户界面，也称图形用户接口，最典型的就是微软的 Windows 界面。GUI 应用程序可以使用户通过菜单、窗口按钮等执行各种操作。

11.1 tkinter 编程基础

tkinter 模块是 Tk GUI 库的接口，其已成为 Python 业界开发 GUI 的约定标准。采用 tkinter 模块编写的 Python GUI 程序是跨平台的，可运行在 Windows、UNIX、Linux 及 Mac Os X 等多种操作系统之中，且与系统的布局和外观风格保持一致。可以使用 Python 对 tkinter 进行扩展，也可以直接使用现有的扩展包，如 Pmw（界面组件库）、Tix（界面组件库，已成为 Python 标准库）、ttk（Tk 界面主题组件库，已成为 Python 标准库）、PIL（图形处理库）、IDLE（基于 tkinter 实现的 Python 可视化集成打开环境）。

11.1.1 第一个 tkinter GUI 程序

我们先从一个简单的实例了解 tkinter GUI 程序的基本结构和相关概念。

例 11.1 第一个 tkinter GUI 程序示例。

```
import tkinter                          #导入 tkinter 模块
root=tkinter.Tk()                       #创建主窗口
w=tkinter.Label(root,text='你好,Python!')    #创建标签类的实例对象
w.pack()                                #打包标签
root.mainloop()                         #开始事件循环
```

程序运行显示如图 11-1 所示，这是一个标准的 Windows 窗口，可以任意调整大小。
tkinter GUI 程序的基本结构通常包含下面的几个部分。

（1）导入 tkinter 模块。

（2）创建主窗口：所有组件默认情况下都以主窗口作为容器。

（3）创建组件实例：调用组件类创建组件实例时，第一个参数指明了主窗口。

图 11-1   第一个 GUI
程序运行窗口

（4）打包组件：打包的组件可以显示在窗口中，否则不会显示。

（5）开始事件循环：开始事件循环后，窗口等待响应用户操作。mainloop() 不是必需的。在交互模式下运行 GUI 程序时，如果有这个函数，程序运行结束后，才会返回提示符；如果没有，程序启动后，交互模式下立即返回提示符，但不会影响 GUI 程序窗口。

GUI 程序文件扩展名是.py 或.pyw。在 Windows 中双击程序文件运行时，.py 文件在打开 GUI 窗口的同时，会显示系统命令提示符窗口，而.pyw 文件运行时则不显示该命令提示符窗口。

窗口和框架都可作为组件的容器，容器还可以嵌套容器。主窗口只有一个。它是其他组件和容器的容器。在 GUI 程序中并不是必须创建主窗口。

例 11.2   不带主窗口的 GUI 程序示例。

```
import tkinter                              #导入 tkinter 模块
w=tkinter.Label(None,text='你好,Python!')    #创建标签类的实例对象
w.pack()                                    #打包标签
w.mainloop()                                #开始事件循环
```

程序运行结果如图 11-1 所示。创建标签实例时，用 None 作为第一个参数，表示组件添加到默认主窗口。程序运行时会自动调用 Tk() 创建一个默认主窗口。

在导入模块时，访问模块中的类需要使用 "tkinter." 作为限定词。为了方便和减少代码编写，可以有选择地导入模块中需要的类，然后在代码中直接使用类。例如：

```
from tkinter import Label       #导入 tkinter 模块
w= Label(text='你好,Python!')     #创建标签类的实例对象
w.pack()                        #打包标签
w.mainloop()                    #开始事件循环
```

还可以简化为下面的形式：

```
from tkinter import *                     #使用*导入
Label(text='你好,Python!').pack()          #创建标签类的实例对象并打包
mainloop()                               #开始事件循环
```

组件实例对象的创建和打包合并为一条语句，使用*号导入 tkinter 模块中的所有类。此时，mainloop() 方法不需要通过窗口或组件来调用。

默认情况下窗口标题为 tk，可调用窗口对象的 title() 方法来设置标题。组件的属性和属性值则以字典映射的形式来访问，见例 11.3。

例 11.3   配置窗口和组件属性示例。

```
from tkinter import *          #导入所有类
root=Tk()                      #创建主窗口
root.title('这是主窗口标题')      #设置窗口标题
w=Label(root)                  #创建标签类的实例对象
w['text']='你好,Python!'        #以字典形式设置标签显示文本
```

```
w.pack()                          #打包标签实例
root.mainloop()                   #开始事件循环
```

程序运行显示的窗口如图 10-2 所示。

图 11-2   设置了标题的窗口

另外，还可以调用标签的 config 方法来设置标签显示的文本。

例 11.4   标签的 config 方法示例。

```
from tkinter import *            #导入所有类
root=Tk()                        #创建主窗口
root.title('这是主窗口标题')      #设置窗口标题
w=Label(root)                    #创建标签类的实例对象
w.pack()                         #打包标签实例
w.config(text='你好,Python!')    #设置标签显示文本
root.mainloop()                  #开始事件循环
```

运行结果与前面相同。可以看到，在组件打包前或打包后，均可设置组件属性。

11.1.2   组件打包

调用 pack() 方法打包组件时，可以通过参数设置组件位置以及是否可以拉伸等。

1. 设置组件位置

调用 pack() 方法打包组件时，默认情况下，组件停靠在窗口内部上边框中间位置（TOP）。
如果该位置已经有组件，则停靠在组件下方中间位置。在 pack() 方法中可使用 side 参数设置
组件位置，参数值可使用下面的常量。

- TOP：窗口剩余空间最上方水平居中。
- BOTTOM：窗口剩余空间最下方水平居中。
- LEFT：窗口剩余空间最左侧垂直居中。
- RIGHT: 窗口剩余空间最右侧垂直居中。

采用 side 方法设置位置时，TOP 和 BOTTOM 表示组件所在位置的水平方向上所有空间均属
于组件；LEFT 和 RIGHT 表示组件所在位置的垂直方向上所有空间均属于组件。先打包的组件总
是先划分空间，后打包的组件只能在剩余空间内划分属于自己的空间。如果窗口大小不变，剩余
空间则越来越小。事实上，窗口的空间可以是无限大。side 参数只是设置了组件在窗口剩余空间
中的相对位置。当窗口大小变化时，组件的位置也会调整。为了对比，例 11.5 为窗口添加了两个
标签，并设置了不同的颜色。

例 11.5   设置组件位置示例。

```
from tkinter import *            #导入所有类
w=Label(text='你好,Python!')     #创建标签类的实例对象
w.pack()                         #打包标签实例，默认位置
w.config(fg='white',bg='green')  #设置标签前景色和背景色
w2=Label(text='第 2 个标签')     #创建第 2 个标签
```

```
w2.pack(side=TOP)                    #打包时指定位置
w2.config(fg='white',bg='black')
mainloop()                           #开始事件循环
```

程序运行结果如图 11-3 所示。

图 11-3　打包时控制组件位置 TOP

当 side 分别设置为 BOTTOM、LEFT 和 RIGHT 时，效果如图 11-4 依次显示。

图 11-4　BOTTOM、LEFT 和 RIGHT 的情况

2. 设置组件拉伸

在 pack() 方法中，若 expand 参数设置为 YES，则表示组件可拉伸，此时 side 参数被忽略。若 expand 参数设置为 YES 时，没有设置 fill 参数，则组件位于默认位置（TOP）。fill 参数在 expand 参数设置为 YES 时才有效，可设置为下面的常量。

- X：水平拉伸。
- Y：垂直拉伸。
- BOTH：水平垂直都拉伸。

例 11.6　组件拉伸示例。

```
from tkinter import *                #导入所有类
w=Label(text='你好,Python!')          #创建标签类的实例对象
w.pack()                             #打包标签实例，默认位置
w.config(fg='white',bg='green')      #设置标签前景色和背景色
w2=Label(text='第2个标签')            #创建第 2 个标签
w2.pack(expand=YES,fill=X)           #水平拉伸
w2.config(fg='white',bg='black')
mainloop()                           #开始事件循环
```

程序运行结果如图 11-5 所示。

图 11-5　组件拉伸示例

图 11-6 依次显示了第二个标签垂直拉伸和水平垂直都拉伸时的情况。

图 11-6　垂直拉伸、水平、垂直拉伸示例

11.1.3　添加按钮和事件处理函数

通常用户通过单击窗口中的按钮来完成某一任务。例 11.7 给出了在窗口中添加一个标签和一个按钮，当单击按钮时改变标签显示的文字。

例 11.7　按钮和事件处理函数示例。

```python
from tkinter import *              #导入所有类
def showmsg():
    label1.config(text='单击了按钮!')
label1=Label(text='你好,Python!')   #创建标签类的实例对象
label1.pack()                      #打包标签实例，默认位置
Button(text='按钮',command=showmsg).pack()
mainloop()                         #开始事件循环
```

程序运行时，首先显示图 11-7（a）所示的窗口，单击窗口中的按钮，改变标签显示文字，如图 11-7（b）所示。

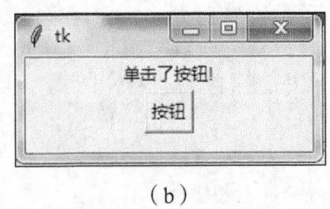

（a）　　　　　　　　　　　　　（b）

图 11-7　单击按钮改变标签文字

按钮组件的 command 参数指定了单击按钮时，将会执行的函数名称。在程序执行过程中，主窗口监听了窗口中发生的事件。用户单击按钮时，发生按钮的单击事件，然后调用指定的函数。command 参数指定的函数可称为事件处理函数，或者叫回调函数。其他组件如单选按钮、复选框、标尺、滚动条等，都支持 command 参数。还可以使用 bind() 方法来为组件的事件绑定处理函数。常用事件名称如下。

- Button-1：单击鼠标左键。
- Button-3：单击鼠标右键。
- Double-1：双击鼠标左键。
- B1-Motion：按下鼠标左键拖动。
- Return：按下【Enter】键。
- KeyPress：按下键盘字符或其他键。
- Up：按下【↑】键。

发生事件时，处理函数会接收到一个事件对象，通常用 event 变量表示，事件对象封装了事件的细节。例如，B1-Motion 事件对象的属性 x 和 y 表示拖动时鼠标的坐标，KeyPress 事件对象的 char 属性表示按下键盘字符键对应的字符。例 11.8 为命令按钮绑定了各个事件处理函数，在事件处理函数中用标签显示事件信息，并将信息输出到命令行。

例 11.8　事件处理函数绑定示例。

```
from tkinter import *          #导入所有类
def onLeftClick(event):
    label1.config(text='单击了鼠标左键!')
    print('单击了鼠标左键!')
def onRightClick(event):
    label1.config(text='单击了鼠标右键!')
    print('单击了鼠标右键!')
def onDoubleLeftClick(event):
    label1.config(text='双击了鼠标左键!')
    print('双击了鼠标左键!')
def onLeftDrag(event):
    label1.config(text='按下鼠标拖动!鼠标位置(%s,%s)'%(event.x,event.y))
    print('按下鼠标拖动!鼠标位置(%s,%s)'%(event.x,event.y))
def onReturn(event):
    label1.config(text='按下了【Enter】键!')
    print('按下了【Enter】键!')
def onKeyPress(event):
    label1.config(text='按下了键盘上的%s 键!'%event.char)
    print('按下了键盘上的%s 键!'%event.char)
def onArrowPress(event):
    label1.config(text='按下了【↑】键!')
    print('按下了【↑】键!')
label1=Label(text='你好,Python!')      #创建标签类的实例对象
label1.pack()                          #打包标签实例,默认位置
bt1=Button(text='按钮')
bt1.bind('<Button-1>',onLeftClick)     #绑定了单击鼠标左键事件处理函数
bt1.bind('<Button-3>',onRightClick)    #绑定了单击鼠标右键事件处理函数
bt1.bind('<Double-1>',onDoubleLeftClick)    #绑定了双击鼠标左键事件处理函数
bt1.bind('<B1-Motion>',onLeftDrag)     #绑定了拖动鼠标左键事件处理函数
bt1.bind('<Return>',onReturn)          #绑定了按下【Enter】键事件处理函数
bt1.bind('<KeyPress>',onKeyPress)      #绑定了按键盘字符事件或其他键处理函数
bt1.bind('<Up>',onArrowPress)          #绑定了按下【↑】键事件处理函数
bt1.pack()
```

```
bt1.focus()                          #使按钮获得焦点
mainloop()                           #开始事件循环
```

程序运行结果如图 11-8 所示。

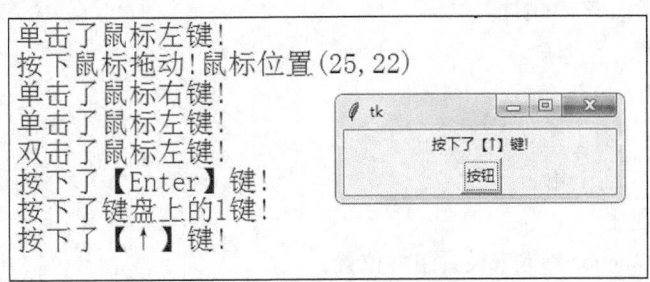

图 11-8　事件处理函数绑定示例

11.1.4　使用布局

布局即组件在容器中的结构安排和组成方式。Python 的 tkinter 模块提供了常用的 3 种布局方式。

1. Packer 布局

先看例 11.9。

例 11.9　组件默认打包的布局示例。

```
from tkinter import *
label1=Label(text='标签 1')
label1.config(fg='white',bg='black')
label2=Label(text='标签 2')
label2.config(fg='red',bg='yellow')
label3=Label(text='标签 3')
label3.config(fg='white',bg='green')
label1.pack()
label2.pack()
label3.pack()
mainloop()
```

程序运行结果如图 11-9 所示。

在调用 pack() 方法打包组件时，组件在容器（窗口和框架是典型的容器）中的布局方式可称

为 Packer 布局。Packer 布局是 Tk 的一种几何管理器，其通过相对位置控制组件在容器中的位置。因为组件的位置是相对的，当容器大小发生变化时（例如调整窗口大小），组件会跟随容器自动调整位置。

组件在创建后，若没有指定布局管理器，组件是不会显示在容器中的。调用 pack() 方法意味着为组件指定 Packer 布局管理器。此时组件才会在容器中显示。组件总是按打包的先后顺序出现在容器中，当容器尺寸变小

图 11-9　组件默认打包的布局

时，后打包的组件总是先看不到。

组件的位置通常由 side 或 anchor 参数决定。打包组件时，后打包的组件只能在当前剩余空间内确定其位置。side 参数前面已经介绍过了。anchor 参数根据指南针方位来分配组件在容器中的位置，参数值可使用下面的常量。

- N：北方，类似于 TOP。
- S：南方，类似于 BOTTOM。
- W：西方，类似于 LEFT。
- E：东方，类似于 RIGHT。
- NW：北偏西，左上角。
- SW：南偏西，左下角。
- NE：北偏东，右上角。
- SE：南偏东，右下角。
- CENTER：居中。

例 11.10　使用 anchor 参数来设置组件位置。

```
from tkinter import *
label1=Label(text='标签1')
label1.config(fg='white',bg='black')
label2=Label(text='标签2')
label2.config(fg='red',bg='yellow')
label3=Label(text='标签3')
label3.config(fg='white',bg='green')
label1.pack(anchor=NE)
label2.pack(anchor=N)
label3.pack(anchor=SW)
mainloop()
```

程序运行的结果如图 11-10 所示。

2. Grid 布局

采用 pack() 打包组件时，组件所在容器位置采用 Packer 布局来组织。另一种布局方式是 Grid 布局。调用组件的 grid() 方法，则表示组件所在的容器位置采用 Grid 布局来组织。注意：在同一容器中，只能使用一种布局方式。

图 11-10　使用 anchor 设置组件位置

Grid 布局又称为网格布局，它按照二维表格的形式，将容器划分为若干行和若干列，行列所在位置为一个单元格，类似于 Excel 表格。在 grid() 方法中，用 row 参数设置组件所在的行，column 参数设置组件所在的列。行列默认开始值为 0，依次递增。行和列的序号的大小表示了相对位置，数字越小表示位置越靠前。

例 11.11　使用 Grid 布局组织组件。

```
from tkinter import *
label1=Label(text='标签1')
label1.config(fg='white',bg='black')
label2=Label(text='标签2')
label2.config(fg='red',bg='yellow')
label3=Label(text='标签3')
label3.config(fg='white',bg='green')
label1.grid(row=0,column=3)          #标签1放在0行3列
label2.grid(row=1,column=2)          #标签2放在1行2列
label3.grid(row=1,column=1)          #标签3放在1行1列
mainloop()
```

程序运行结果如图 11-11 所示。

可以看到 Grid 布局可以更精确地控制组件在容器中的位置。

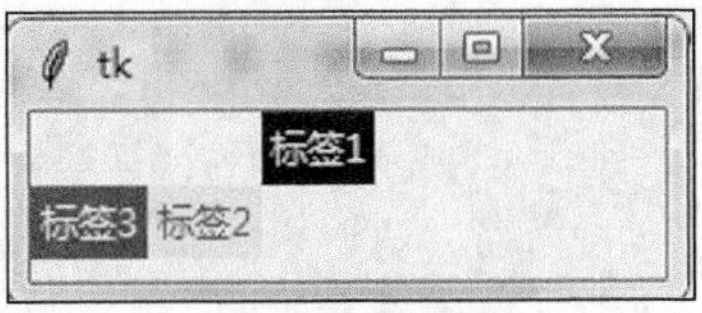

图 11-11　使用 Grid 布局

3. Place 布局

Place 布局比 Grid 和 Packer 布局更精确地控制组件在容器中的位置。在调用组件的 place() 方法时，使用 Place 布局。Place 布局可以与 Grid 或者 Packer 布局同时使用。

place() 方法常用参数如下。

- anchor：指定组件在容器中的位置，默认为左上角（NW），也可以使用 N、S、W、E、NW、SW、NE、SE 和 CENTER 等常量。
- bordermode：指定在计算位置时，是否包含容器边界宽度，默认为 INSIDE（计算容器边界），OUTSIDE 表示不计算容器边界。
- height、width：指定组件的高度和宽度，默认单位为像素。
- x、y：用绝对坐标指定组件的位置，坐标默认单位为像素。
- relx、rely：按容器高度和宽度的比例来指定组件的位置，取值范围为 0.0~1.0。

在使用坐标时，容器左上角为原点 (0，0)，原点向右为 x 正方向，向下为 y 正方向。

例 11.12　使用 Place 布局组织组件。

```
from tkinter import *
label1=Label(text='标签1')
label1.config(fg='white',bg='black')
label2=Label(text='标签2')
label2.config(fg='red',bg='yellow')
label3=Label(text='标签3')
label3.config(fg='white',bg='green')
label1.place(x=0,y=3)
label2.place(x=50,y=50)
label3.place(relx=0.5,rely=0.2)
mainloop()
```

程序运行结果如图 11-12 所示。

可以看到，标签 3 会随着窗口大小的调整，其位置会进行相应的变化；而标签 1 和标签 2 位置始终不变。

11.1.5　使用框架

框架 (Frame) 是一个容器，通常用于对组件进行分组。框架常用选项如下。

图 11-12　使用 Place 布局

- bd：指定边框宽度。
- relief：指定边框样式，可用 RAISED（凸起）、SUNKEN（凹陷）、FLAT（扁平，默认值）、RIDGE（脊状）、GROOVE（凹槽）和 SOLID（实线）。
- width、height：设置宽度和高度，通常被忽略。容器通常根据内容组件的大小自动调整自身大小。

例 11.13　使用框架将 6 个标签分为两组。

```
from tkinter import *
root=Tk()
frame1=Frame(bd=2,relief=SUNKEN)
frame2=Frame(bd=2,relief=SUNKEN)
label1=Label(frame1,text='标签1',fg='white',bg='black')
label2=Label(frame1,text='标签2',fg='red',bg='yellow')
label3=Label(frame1,text='标签3',fg='white',bg='green')
label4=Label(frame2,text='标签4',fg='white',bg='black')
label5=Label(frame2,text='标签5',fg='red',bg='yellow')
label6=Label(frame2,text='标签6',fg='white',bg='green')

frame1.pack()                      #框架1和框架2在默认主窗口中使用Packer布局
frame2.pack()

label1.pack()                      #标签1、2、3在框架1中使用Packer布局
label2.pack(side=LEFT)
label3.pack(side=RIGHT)

label4.grid(row=1,column=1)        #标签4、5、6在框架2中使用Grid布局
label5.grid(row=3,column=4)
label6.grid(row=2,column=2)
root.mainloop()
```

程序运行结果如图 11-13 所示。

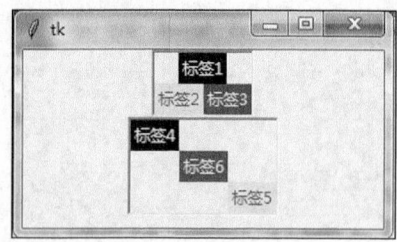

图 11-13　使用框架

11.2　tkinter 组件

在前面的内容中，使用了标签、按钮和框架等组件，本节将介绍其他一些常用组件。

11.2.1　组件通用属性设置

可使用一组通用的属性设置来控制 tkinter 模块中的组件的外观和行为。通常，可调用组件的
config() 方法来设置属性，在 config() 方法中使用与属性同名的参数来设置属性值。

1. 尺寸设置

在设置组件的尺寸属性时，若设置为一个整数值，则默认单位为像素，还可以使用厘米 c、
英寸 i、点 p 等。带单位时需要使用字符串表示尺寸。例如：

```
label1.config(bd=2)       #设置边框宽度为2个像素
label1.config(bd='0.3c')  #设置边框宽度为0.2厘米
```

2. 颜色设置

设置颜色相关属性时，属性值为一个字符串，字符串为标准颜色名称或以"#"开头的 RGB 颜色值。

标准颜色名称可使用 white、black、red、green、blue、cyan、yellow 等。使用"#"开头的 RGB 颜色值时，有以下 3 种格式。

- #rgb：每种颜色用 1 位十六进制数表示。
- #rrggbb：每种颜色用 2 位十六进制数表示。
- #rrrgggbbb：每种颜色用 3 位十六进制数表示。

3. 字体设置

组件的 font 属性用于设置字体名称、字体大小和字体特征等，代码实例如下。

```
label1.config(font=('隶书',20,'bold italic underline overstrike'))
```

其中，font 属性通常为一个三元组，基本格式为"(family,size ,special)"，其中，family 为表示字体名称的字符串，size 为表示字体大小的整数，special 为表示字体特征的字符串。size 为正整数时，字体大小单位为点；size 为负整数时，字体单位大小为像素。special 字符串中使用关键字表示字体特征：normal（正常）、bold（粗体）、italic（斜体）、underline（加下画线）或 overstrike（加删除线）。下面的代码用来查看当前系统支持的字体名称。

```
>>> import tkinter
>>> root=tkinter.Tk()          #必须在创建了默认主窗口后，才能调用 families()方法
>>> for x in tkinter.font.families():     #输出系统字体名称
print(x)


System
@System
Terminal
@Terminal
Fixedsys
……
```

4. 显示位图

bitmap 属性用于设置在组件中显示的预设值的位图，预设值的位图名称有 error、gray50、gray25 等。下面的代码使用标签显示这些预设值的位图。

例 11.14　显示位图。

```
from tkinter import *
root=Tk()
dl=['error','gray75','gray50','gray25','gray12','hourglass','info','questhead','qu
estion','warning']
    for n in range(len(dl)):
        Label(bitmap=dl[n],text=dl[n],compound=LEFT).grid(row=0,column=n)
root.mainloop()
```

程序运行结果如图 11-14 所示。

图 11-14　使用标签显示位图

5. 显示图片

在 Windows 系统中，调用 PhotoImage() 类来引用文件中的图片，然后在组件中设置 image 属性值，将图片显示在组件中。PhotoImage() 类支持.gif、.png 等格式的图片文件。

例 11.15　显示图片示例。

```
from tkinter import *
root=Tk()                        #必须先创建主窗口，否则出错
pic=PhotoImage(file='party room.png')
Label(image=pic).pack()
root.mainloop()
```

程序运行结果如图 11-15 所示。

图 11-15　在组件中显示图片

6. 使用控制变量

控制变量是一种特殊对象，其和组件关联在一起。例如，将控制变量与一组单选按钮关联时，改变单选按钮选择时，控制变量的值随之改变；反之，改变控制变量的值，对应值的单选按钮被选中。同样，控制变量与输入组件关联时，控制变量的值和输入组件中的文本也会关联变化。tkinter 模块提供了布尔型、双精度型、整数和字符串 4 种控制变量，创建方法如下。

```
var=BooleanVar()                #布尔型控制变量,默认值 0
var=StringVar()                 #字符串控制变量,默认值空字符串
var=IntVar()                    #整数控制变量,默认值 0
var=DoubleVar()                 #双精度控制变量,默认值 0.0
```

创建控制变量后，调用 set() 方法设置控制变量的值，调用 get() 方法返回控制变量的值。例如：

```
var.set(100)                    #设置控制变量的值
print(var.get())                #打印控制变量的值
```

tkinter 组件通过设置相应的属性来关联控制变量，如标签组件的 textvariable 属性用于设置关联设置。在下面的例子中，窗口显示一个标签和一个按钮，单击按钮改变标签显示内容，其中使用了控制变量来改变标签显示内容。

例 11.16 控制变量示例。

```
from tkinter import *
root=Tk()
label1=Label(bitmap='info',compound=LEFT,text='请单击按钮')
label1.pack()
var=StringVar()           #创建关联变量
label1.config(textvariable=var)     #关联控制变量
def onclick():
    var.set('单击后显示的字符串')       #修改控制变量值,标签内容随之改变
Button(text='按钮',command=onclick).pack()
root.mainloop()
```

上述程序运行时先显示图 11-16（a）所示的窗口。因为标签与控制变量 var 关联，标签的初始字符串为"请单击按钮"，而 var 的初始值为空字符串，建立关联后，标签显示 var 的初始值，所以一开始窗口中的标签没有显示文字。单击按钮后，改变了 var 的值，所以标签的显示文字也随之变化，如图 11-16（b）所示。

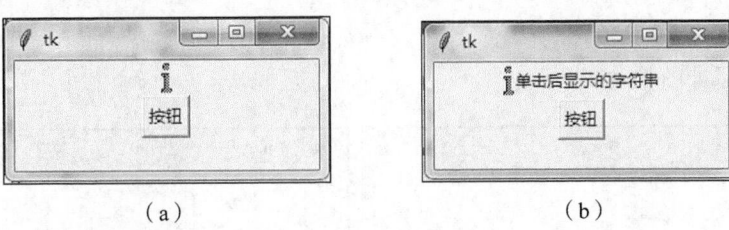

（a）   （b）

图 11-16 使用控制变量

11.2.2 输入组件 Entry

输入组件用于显示和输入简单的单行文本，tkinter.Entry 类用于创建输入组件。

1. 使用简单的输入组件

例 11.17 实现了一个简单的登录窗口，可输入用户名和密码，单击【重置】按钮可清除已输入的用户名和密码，单击【确定】按钮可将输入的用户名和密码显示在下方的文本框中。

例 11.17 简单的输入组件。

```
from tkinter import *
fup=Frame()               #第一个框架用于放输入组件和对应的提示标签
fup.pack()

username=StringVar()              #用于绑定用户名输入组件
password=StringVar()              #用于绑定密码输入组件

label1=Label(fup,text='用户名:',width=8,anchor=E)
label1.grid(row=1,column=1)
entry1=Entry(fup,textvariable=username,width=20)     #用户名输入组件
entry1.grid(row=1,column=2)

label2=Label(fup,text='密码:',width=8,anchor=E)
label2.grid(row=2,column=1)
entry2=Entry(fup,show='*',textvariable=password,width=20)     #密码输入组件
```

```
entry2.grid(row=2,column=2)

def reset():                            #重置按钮命令函数
    entry1.delete(0,END)
    password.set('')
    label3.config(text='')
def done():
    label3.config(text='你输入的用户名为:%s,密码为:%s'%(username.get(),password.get()))

fdown=Frame()
fdown.pack()
bt1=Button(fdown,text='重置',command=reset)
bt1.grid(row=1,column=1)

bt2=Button(fdown,text='确定',command=done)
bt2.grid(row=1,column=2)

label3=Label()
label3.pack()
mainloop()
```

程序运行结果如图 11-17 所示。

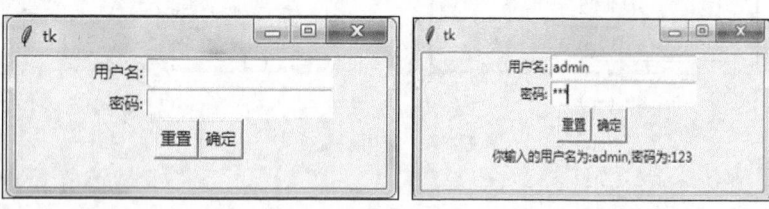

图 11-17　使用简单的输入组件

其中，属性 show 为设置输入组件显示字符，显示字符代替实际输入显示在组件中，常用于密码输入。方法 delete(first,last=None) 删除从 first 开始到 last 之前的字符，省略 last 时删除 first 到末尾的全部字符。组件中第一个字符位置为 0，删除全部字符使用 delete(0,END)。get()返回组件中的全部字符。

2. 输入组件校验

输入组件通过 validate 和 validatecommand 属性添加校验功能。创建输入组件时，validate 参数可设置为 focus、key、all、none 等值。创建输入组件时，validatecommand 参数设置为校验函数名称。校验函数返回 True 表示输入有效，返回 False 则拒绝输入，组件文本保持不变。注意：校验函数名称并不是自定义的函数名称。首先自定义一个函数来完成校验操作，然后调用输入组件的 register() 方法注册。该方法返回的字符串作为校验函数名称使用。在校验函数中，通过关联的控制变量获得组件中的文本。若只需要在校验函数中使用组件文本，则 validatecommand 参数设置格式为"validatecommand=校验函数名称"。另外，tkinter 允许使用替代码向校验函数传入更多的信息。使用替代码时，validatecommand 参数设置格式为"validatecommand=(校验函数名称,替代码 1,替代码 2,…)"。上述 3 个替代码的值可以如下。

- '%d'：动作代码，表示触发校验函数的原因。0 表示试图删除字符，1 表示试图插入字符，−1 表示获得焦点、失去焦点或改变关联控制变量的值。
- '%P'：校验有效时，组件将拥有的文本。

- '%S'：试图删除或插入字符时，参数值为即将插入或删除的文本。

另外，还有其他的替代码可以使用。

例 11.18 为例 11.17 添加校验功能，输入用户名不能超过 10 个字符，密码只能输入数字字符。

例 11.18　校验输入组件的使用示例。

```
up=Frame()              #第一个框架用于放输入组件和对应的提示标签
fup.pack()

username=StringVar()            #用于绑定用户名输入组件
password=StringVar()            #用于绑定密码输入组件

def usercheck(what):            #执行用户名校验操作的函数
    if len(what)>10:
        label3.config(text='用户名不能超过 10 个字符',fg='red')
        return False
    return True
def passwordcheck(why,what):     #执行密码校验操作的函数
    if why=='1':
        if what not in '0123456789':
            label3.config(text='密码只能是数字',fg='red')
            return False
    return True

label1=Label(fup,text='用户名:',width=8,anchor=E)
label1.grid(row=1,column=1)
entry1=Entry(fup,textvariable=username,width=20)     #用户名输入组件
docheck1=entry1.register(usercheck)                  #注册校验函数
entry1.config(validate='all',validatecommand=(docheck1,'%P'))  #设置校验参数
entry1.grid(row=1,column=2)

label2=Label(fup,text='密码:',width=8,anchor=E)
label2.grid(row=2,column=1)
entry2=Entry(fup,show='*',textvariable=password,width=20)  #密码输入组件
docheck2=entry2.register(passwordcheck)                    #注册校验函数
entry2.config(validate='all',validatecommand=(docheck2,'%d','%S'))   #设置校验参数
entry2.grid(row=2,column=2)

def reset():                      #重置按钮命令函数
    entry1.delete(0,END)
    password.set('')
    label3.config(text='')
def done():
    label3.config(text='你输入的用户名为:%s,密码为:%s'%(username.get(),password.get()))

fdown=Frame()
fdown.pack()
bt1=Button(fdown,text='重置',command=reset)
bt1.grid(row=1,column=1)

bt2=Button(fdown,text='确定',command=done)
bt2.grid(row=1,column=2)
```

```
label3=Label()
label3.pack()
mainloop()
```

程序运行结果如图 11-18 所示。

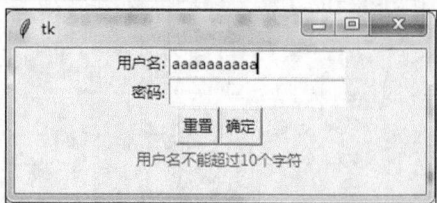 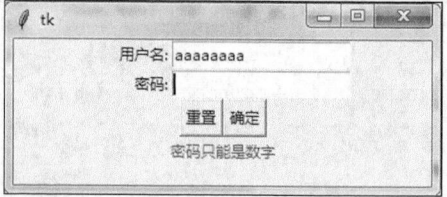

图 11-18　为输入组件添加校验功能

11.2.3　列表框组件 Listbox

列表框用于显示多个列表框，每项为一个字符串。列表框允许用户一次选择一个或多个列表项。tkinter.Listbox 类用于创建列表框。常用的属性和方法介绍如下。

- listvariable:关联一个 StringVar 类型的控制变量，该变量关联列表框全部选项。通过 set() 和 get()方法可设置和访问列表框列表项。
- selectmode：设置选择模式，参数可设置为 BROWSE（默认值，只能选中一项，可拖动）、SINGLE（只能选中一项，不能拖动）、MULTIPLE（通过鼠标单击选中多个列表项）、EXTENDED（通过鼠标拖动选中多个列表项）。

列表框组件部分方法以列表项位置 (index) 为参数。列表框中第一个列表项 index 为 0，最后一个列表项 index 用常量 tkinter.END 表示。

列表框组件常用方法如下。

- activate(index)：选中 index 对应列表项。
- curselection()：返回包含选中项 index 的元组，无选中项时返回空元组。
- delete(first,last=None)：删除[first，last]范围内的列表项，省略 last 参数时只删除 first 对应项的文本。
- get(first,last=None):返回包含[first，last]范围内的列表项的文本元组，省略 last 参数时只返回 first 对应项的文本。
- size()：返回列表项个数。

例 11.19　列表框使用示例。

```
from tkinter import *
root=Tk()
listvar=StringVar()
listvar.set('Python Java C++ Ruby')        #设置控制变量初始值,作为初始列表项
list=Listbox(listvariable=listvar,selectmode=MULTIPLE)      #创建列表框
list.pack(side=LEFT,expand=1,fill=Y)

def additem():            #在选中项之前添加一项
    str=entry1.get()
    if not str=='':
        index=list.curselection()
```

```
            if len(index)>0:
                list.insert(index[0],str)        #有选中项时,在选中项前面添加一项
            else:
                list.insert(END,str)             #无选中项时,添加到最后
def removeitem():                   #删除选中项
    index=list.curselection()
    if len(index)>0:
        if len(index)>1:
            list.delete(index[0],index[-1])   #删除选中的多项
        else:
            list.delete(index[0])             #删除选中的一项
def showselect():
    s='列表项数:%s'%list.size()
    s+='\ncurselection():'+str(list.curselection())
    s+='\nget(0,END):'+str(list.get(0,END))
    label1.config(text=s)           #在标签中显示列表相关信息

entry1=Entry(width=20)
entry1.pack(anchor=NW)
bt1=Button(text='添加',command=additem)
bt1.pack(anchor=NW)

bt2=Button(text='删除',command=removeitem)
bt2.pack(anchor=NW)

bt3=Button(text='显示',command=showselect)
bt3.pack(anchor=NW)
label1=Label(width=50,justify=LEFT)
label1.pack(anchor=NW,expand=1,fill=X)
mainloop()
```

程序运行结果如图 11-19 所示。

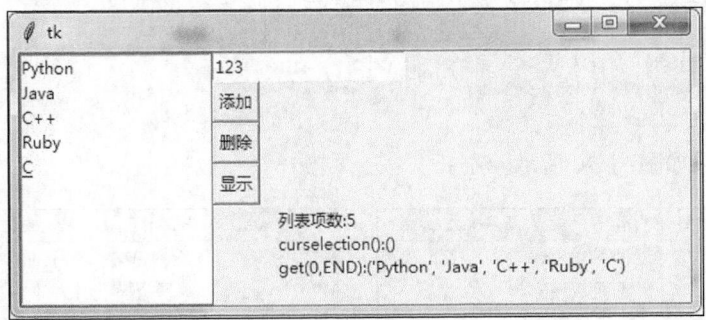

图 11-19 使用列表框

11.2.4 复选框组件 Checkbutton

复选框组件通常用于显示两种状态：选中和未选，tkinter.Checkbutton 类用于创建复选框。复选框的部分属性和标签相同，其他常用属性如下。

● command：设置改变复选框状态时调用的函数。
● indicatoron：设置复选框样式，默认值为 1。设置为 0 时，复选框变成按钮样式，选中时

　　按钮凹陷。

- variable：绑定一个 IntVar 变量，选中复选框时，变量值为 1，否则为 0。

复选框常用方法如下。

- deselect()：取消选择。
- select()：选中复选框。

例 11.20　复选框使用示例。

```python
from tkinter import *
root=Tk()
check1=IntVar()
check1.set(1)
check2=IntVar()
check2.set(0)
cb1=Checkbutton(text='常规样式复选框',variable=check1)
cb1.pack()
cb2=Checkbutton(text='按钮样式复选框',variable=check2,indicatoron=0)
cb2.pack()
label1=Label(justify=LEFT)
label1.pack()
label2=Label(justify=LEFT)
label2.pack()

def docheck1():
    if check1.get():
        label1.config(text='选中了常规样式复选框')
    else:
        label1.config(text='取消了常规样式复选框')

def docheck2():
    if check2.get():
        label2.config(text='选中了按钮样式复选框')
    else:
        label2.config(text='取消了按钮样式复选框')

cb1.config(command=docheck1)
cb2.config(command=docheck2)
mainloop()
```

程序运行结果如图 11-20 所示。

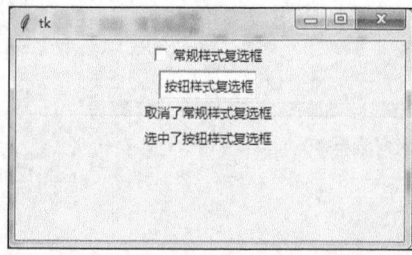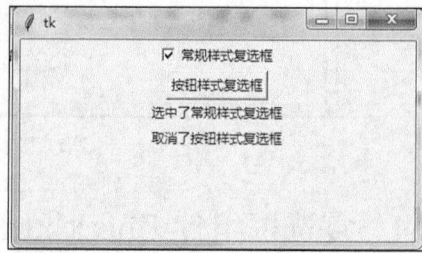

图 11-20　使用复选框

11.2.5　标签框架 LabelFrame

标签框架和框架类似，都是容器，不同之处在于标签框架可以显示一个标签。标签框架显示的标签可以是文本字符串或其他的组件。tkinter.LabelFrame 类用于创建标签框架。标签框架的常用属性如下。

- labelanchor：设置标签位置，默认为 NW。
- text：设置标签框架在标签中显示的文本。
- labelwidget：设置标签框架在标签中显示的组件。如果设置了 text，则 text 被忽略。

例 11.21　使用标签框架为单选按钮添加视觉上的分组效果。

```python
from tkinter import *
root=Tk()
label1=Label(text='请为标签选择颜色、字体',wraplength=200)
label1.pack()

color=StringVar()
color.set('red')
fontname=StringVar()
fontname.set('隶书')
label1.config(fg=color.get(),font=(fontname.get()))

frame1=LabelFrame(relief=GROOVE,text='文字颜色:')
frame1.pack()
radio1=Radiobutton(frame1,text='红色',variable=color,value='red')
radio1.grid(row=1,column=1)
radio2=Radiobutton(frame1,text='绿色',variable=color,value='green')
radio2.grid(row=1,column=2)
radio3=Radiobutton(frame1,text='蓝色',variable=color,value='blue')
radio3.grid(row=1,column=3)

frame2=LabelFrame(relief=GROOVE,text='文字字体:')
frame2.pack()
radio4=Radiobutton(frame2,text='隶书',variable=fontname,value='隶书')
radio4.grid(row=1,column=1)
radio5=Radiobutton(frame2,text='楷体',variable=fontname,value='楷体')
radio5.grid(row=1,column=2)
radio6=Radiobutton(frame2,text='宋体',variable=fontname,value='宋体')
radio6.grid(row=1,column=3)

def changecolor():
    label1.config(fg=color.get())
def changefont():
    label1.config(font=(fontname.get()))

radio1.config(command=changecolor)
radio2.config(command=changecolor)
radio3.config(command=changecolor)
radio4.config(command=changefont)
radio5.config(command=changefont)
radio6.config(command=changefont)
mainloop()
```

程序运行结果如图 11-21 所示。

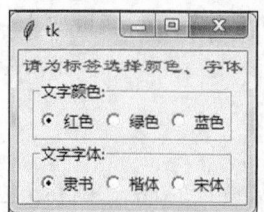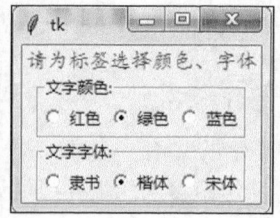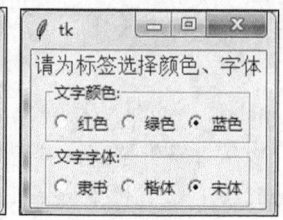

图 11-21　使用标签框架

11.2.6　文本框组件 Text

Text 组件类似于一个富文本编辑器，其具有以下主要特点。

- 处理多行文本。
- 在文本中插入图片，图片视为 1 个字符。
- 用"行.列"格式表示组件中字符的位置（index）。
- 在组件的文本中定义书签，利用书签在文本中快速定位。
- 定义文本块，不同的文本块可定义不同的字体、前景颜色、背景颜色或其他选项并可为文本块绑定事件。
- 嵌入其他的 tkinter 组件。

Text 组件的常用属性如下。

- maxundo：设置保存的"撤销"操作的最大数目。
- spacing1：设置段前间距，默认值 0。
- spacing2：设置行间距，默认值 0。
- spacing3：设置段后间距，默认值 0。
- undo：设置是否使用"撤销"机制，设置为 True 表示启用，False 表示不启用。
- wrap：设置文字回卷方式，默认值 CHAR，按字符回卷，NONE 表示不回卷。
- xscrollcommand：关联一个水平滚动条。
- yscrollcommand：关联一个垂直滚动条。

例 11.22　使用 Text 组件创建一个简单的文本编辑器。

```
from tkinter import *
from tkinter.filedialog import asksaveasfilename,askopenfilename
root=Tk()

frame1=LabelFrame(relief=GROOVE,text='工具栏:')
frame1.pack(anchor=NW,fill=X)
bt1=Button(frame1,text='复制')
bt1.grid(row=1,column=1)
bt2=Button(frame1,text='剪切')
bt2.grid(row=1,column=2)
bt3=Button(frame1,text='粘贴')
bt3.grid(row=1,column=3)
bt4=Button(frame1,text='清空')
bt4.grid(row=1,column=4)
bt5=Button(frame1,text='打开...')
bt5.grid(row=1,column=5)
bt6=Button(frame1,text='保存...')
```

```
bt6.grid(row=1,column=6)

sc=Scrollbar()
sc.pack(side=RIGHT,fill=Y)
text1=Text()
text1.pack(expand=YES,fill=BOTH)
text1.config(yscrollcommand=sc.set)

def docopy():
    data=text1.get(SEL_FIRST,SEL_LAST)        #获得选中内容
    text1.clipboard_clear()                   #清除剪贴板
    text1.clipboard_append(data)              #将内容写入剪贴板
def docut():
    data=text1.get(SEL_FIRST,SEL_LAST)        #获得选中内容
    text1.delete(SEL_FIRST,SEL_LAST)          #删除选中内容
    text1.clipboard_clear()                   #清除剪贴板
    text1.clipboard_append(data)              #将内容写入剪贴板
def dopaste():
    text1.insert(INSERT,text1.clipboard_get())    #插入剪贴板内容
def doclear():
    text1.delete('1.0',END)                   #删除全部内容
def doopen():                                 #打开文件,将文件内容读到 Text 组件中
    filename=askopenfilename()                #选择要打开的文件
    if filename=='':
        return 0;                             #没有选择要打开的文件,直接返回
    filestr=open(filename,'rb').read()        #获得文件内容
    text1.delete('1.0',END)
    text1.insert('1.0',filestr.decode('utf-8'))  #将文件内容按 UTF-8 格式解码后写入文本框
    text1.focus()
def dosave():                                 #将 Text 组件内容写入文件
    filename=asksaveasfilename()              #获得写入文件的名字
    if filename:
        data=text1.get('1.0',END)             #获得文本框内容
        open(filename,'w').write(data)        #写入文件

bt1.config(command=docopy)
bt2.config(command=docut)
bt3.config(command=dopaste)
bt4.config(command=doclear)
bt5.config(command=doopen)
bt6.config(command=dosave)
sc.config(command=text1.yview)        #将滚动条关联到文本框内置垂直滚动条
mainloop()
```

程序运行结果如图 11-22 所示。

该程序可实现对选中的文本进行复制、粘贴、剪切功能,还实现了清空文本框内容及从打开一个文件并将其内容显示在文本框中,最后实现了将文本框内容写入一个文件的功能。

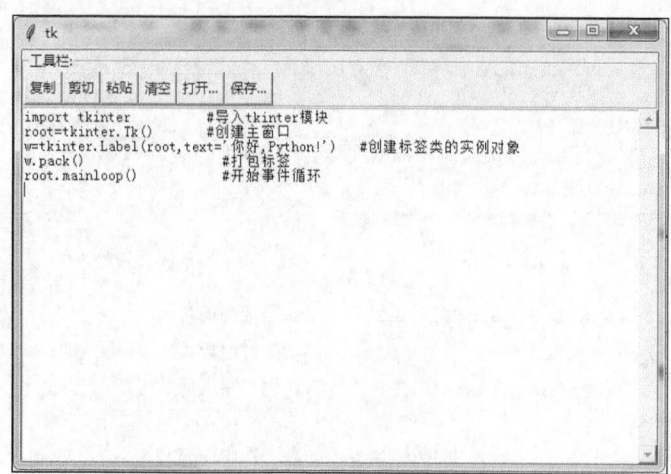

图 11-22　使用 Text 组件

11.2.7　顶层窗口组件 Toplevel

默认情况下，一个 tkinter GUI 程序总是有一个默认的主窗口，也称根窗口或 root 窗口。root 窗口通过显示调用 tkinter.Tk() 来创建。如果没有显示调用 tkinter.Tk()，GUI 程序也会隐式调用。顶层窗口组件 Toplevel 用于创建一个顶层窗口。顶层窗口默认外观和 root 窗口相同，可独立地进行操作。

例 11.23　创建一个 root 窗口和两个顶层窗口。

```
from tkinter import *
root=Tk()                              #显式创建 root 窗口
root.title('默认主窗口')                 #设置窗口标题

win1=Toplevel()                        #创建顶层窗口
win1.title('顶层窗口 1')                #设置窗口标题
win1.withdraw()                        #隐藏窗口

win2=Toplevel(root)                    #显示设置顶层窗口的父窗口为 root
win2.title('顶层窗口 2')                #设置窗口标题
win2.withdraw()                        #隐藏窗口

frame1=LabelFrame(text='顶层窗口 1:',relief=GROOVE)
frame1.pack()
bt1=Button(frame1,text='显示',command=win1.deiconify)   #单击按钮时显示窗口
bt1.pack(side=LEFT)
bt2=Button(frame1,text='隐藏',command=win1.withdraw)     #单击按钮时隐藏窗口
bt2.pack(side=LEFT)

frame2=LabelFrame(text='顶层窗口 2:',relief=GROOVE)
frame2.pack()
bt3=Button(frame2,text='显示',command=win2.deiconify)   #单击按钮时显示窗口
bt3.pack(side=LEFT)
bt4=Button(frame2,text='隐藏',command=win2.withdraw)     #单击按钮时隐藏窗口
bt4.pack(side=LEFT)
```

```
bt5=Button(win1,text='关闭窗口',command=win1.destroy)    #单击按钮时关闭窗口
bt5.pack(anchor=CENTER)
bt6=Button(win2,text='关闭窗口',command=win2.destroy)    #单击按钮时隐藏窗口
bt6.pack(anchor=CENTER)

root.mainloop()
```

程序运行结果如图 11-23 所示。

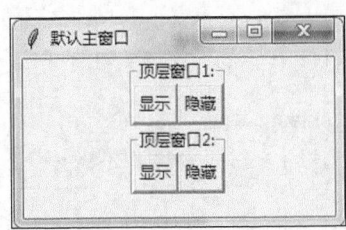  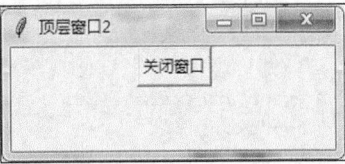

图 11-23　使用顶层窗口

　　程序运行时，首先显示默认主窗口，两个顶层窗口被隐藏。单击默认主窗口中【显示】按钮，可显示对应的顶层窗口。单击默认主窗口中的【隐藏】按钮，可隐藏对应的顶层窗口。单击顶层窗口中的【关闭窗口】按钮，可关闭窗口。默认主窗口和两个顶层窗口如图 11-23 所示。destroy() 方法是 tkinter 组件的通用方法，调用时可删除组件。调用窗口的 destroy() 方法关闭窗口。在关闭默认主窗口时或在代码中直接调用 quit() 方法时，所有的顶层窗口都会关闭，整个 GUI 程序被终止执行。

11.2.8　菜单组件 Menu

　　菜单组件 Menu 用于创建一个菜单，以作为窗口的菜单栏或弹出菜单。可以为 Menu 添加子菜单，子菜单中的菜单项可以是文本、复选框或单选按钮。子菜单的菜单项可包含一个子菜单。tkinter.Menu 类用于创建菜单，菜单的常用属性和方法如下。

- tearoff 属性：默认情况下，一个 Menu 对象包含的子菜单的第一项为一条虚线，单击虚线，使子菜单变成一个独立的窗口。如果 tearoff 设置为 0，则不显示虚线。
- add_command()方法：添加一个菜单项。用 label、bitmap 或 image 参数指定显示文本、位图或图片，command 参数指定选择菜单项时执行的回调函数。
- add_cascade()方法：将另一个 Menu 对象添加为当前 Menu 对象的子菜单。仍可用 label、bitmap 或 image 参数指定菜单项显示的文本、位图或图片，menu 参数设置作为子菜单的 Menu 对象。
- add_radiobutton() 方法：将一个单选按钮添加为菜单项。
- add_checkbutton()方法：将一个复选框添加为菜单项。
- add_separator() 方法：添加一条横线作为菜单分隔符。
- post()方法：在指定位置弹出 Menu 对象的子菜单。

例 11.24　使用 Menu 组件为窗口添加菜单栏。

```
from tkinter import *
root=Tk()                                    #显式创建 root 窗口
label1=Label(text='选中菜单项时,在此显示相关信息')
```

```
    label1.pack(side=BOTTOM)

    menubar=Menu(root)                          #菜单 menubar 将作为 root 窗口子菜单
    root.config(menu=menubar)                   #将 menubar 菜单作为 root 窗口的顶层菜单栏

    def showmsg(msg):                           #简化了操作,选择菜单项时显示信息
        label1.config(text=msg)

    file=Menu(menubar)                          #file 将作为 menubar 菜单的子菜单
    file.add_command(label='新建',command=lambda:showmsg('选择了"新建"菜单项'))
    file.add_command(label='打开...',command=lambda:showmsg('选择了"打开..."菜单项'))

    recent=Menu(file,tearoff=False)     #recent 将作为 file 的子菜单
    recent.add_command(label=r'd:\pytemp\test1.py',command=lambda:showmsg('选择了"d:\\pytemp\\
test1.py"菜单项'))
    recent.add_command(label=r'd:\pytemp\test2.py',command=lambda:showmsg('选择了"d:\\pytemp\\
test2.py"菜单项'))

    file.add_cascade(label='最近的文件',menu=recent)          #添加子菜单
    file.add_separator()                                      #添加菜单分隔符
    file.add_command(label='保存',command=lambda:showmsg('选择了"保存"菜单项'))
    file.add_command(label='另存为...',command=lambda:showmsg('选择了"另存为..."菜单项'))
    file.add_separator()                                      #添加菜单分隔符
    file.add_command(label='退出',command=lambda:showmsg('选择了"退出"菜单项'))
    menubar.add_cascade(label='文件',menu=file)               #菜单 file 添加为 menubar 的子菜单

    edit=Menu(menubar,tearoff=False)                          #edit 将作为 menubar 菜单的子菜单
    edit.add_command(label='复制',command=lambda:showmsg('选择了"复制"菜单项'))
    edit.add_command(label='剪切',command=lambda:showmsg('选择了"剪切"菜单项'))
    edit.add_command(label='粘贴',command=lambda:showmsg('选择了"粘贴"菜单项'))
    menubar.add_cascade(label='编辑',menu=edit)               #菜单 edit 添加为 menubar 的子菜单

    def popmenu(event):
        edit.post(event.x_root,event.y_root)
    root.bind('<Button-3>',popmenu)                           #绑定窗口鼠标右键事件, 右击时弹出菜单

    root.mainloop()
```

程序运行时, 各个菜单如图 11-24 所示。

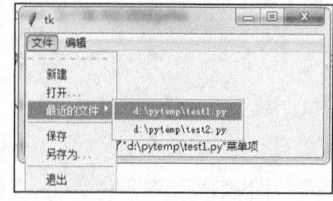 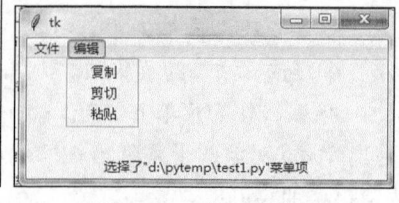 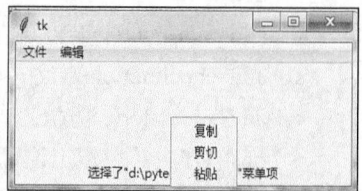

图 11-24　使用菜单组件

选择菜单项时, 修改信息显示在窗口下方的标签中。 "文件" 菜单的第一个菜单项为虚线, 单击虚线, 可使 "文件" 菜单的子菜单成为一个独立的窗口, 如图 11-25 所示。

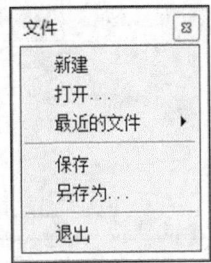

图 11-25 成为独立窗口的"文件"菜单的子菜单

11.2.9 对话框

tkinter 的子模块 messagebox、filedialog 和 colorchooser 提供了各种通用对话框。

1. 消息对话框

messagebox 模块定义了显示各种消息对话框的函数，具体如下。

- showinfo(title,message,options)：显示普通信息对话框。
- showwarning(title,message,options)：显示警告信息。
- showerror(title,message,options)：显示错误信息对话框。
- askquestion(title,message,options)：显示询问问题对话框。
- askokcancel(title,message,options)：显示询问确认取消对话框。
- askyesno(title,message,options)：显示询问是否对话框。
- askyesnocancel(title,message,options)：显示询问是否取消对话框。
- askretrycancel(title,message,options)：显示询问重试取消对话框。

询问对话框返回单击对话框中按钮对应的值。各个函数的参数均可省略，其中，title 参数设置对话框标题，message 参数设置对话框内部显示的提示信息，options 为一个或多个附加选项。各个 showXXX() 方法返回字符串"ok"，askquestion() 方法返回"yes"或"no"，askokcancel() 返回 True 或 False，askyesno() 返回 True 或 False，askyesnocancel() 方法返回 True、False 或 None，askretrycancel() 方法返回 True 或 False。

例 11.25 调用各个方法显示相应的对话框，打印返回值。

```
from tkinter import *
from tkinter.messagebox import *
root=Tk()
title="通用消息对话框"
print("信息对话框:",showinfo(title,"这是信息对话框"))
print("警告对话框:",showwarning(title,"这是警告对话框"))
print("错误对话框:",showerror(title,"这是错误对话框"))
print("问题对话框:",askquestion(title,"这是问题对话框"))
print("确认取消对话框:",askokcancel(title,"请选择确认或取消"))
print("是否对话框:",askyesno(title,"请选择是或否"))
print("是否取消对话框:",askyesnocancel(title,"请选择是、否或取消"))
print("重试对话框:",askretrycancel(title,"请选择重试或取消"))
root.mainloop()
```

程序运行时，显示的各个对话框如图 11-26 所示。

图 11-26　各种通用消息对话框

程序运行时，命令行窗口会输出各个方法对应的返回值。

```
信息对话框：ok
警告对话框：ok
错误对话框：ok
问题对话框：yes
确认取消对话框：True
是否对话框：True
是否取消对话框：True
重试对话框：True
>>>
```

2. 文件对话框

tkinter.filedialog 模块提供了标准的文件对话框，其中的常用方法如下。

- askopenfilename()：打开"打开"对话框，选择文件。如果有选中文件，则返回文件名，否则返回空字符串。
- asksaveasfilename()：打开"另存为"对话框，指定文件保存路径和文件名。如果指定文件名，则返回文件名，否则返回空字符串。
- askopenfile()：打开"打开"对话框，选择文件。如果有选中文件，则返回以 r 方式打开的文件，否则返回 None。
- asksaveasfile()：打开"另存为"对话框，指定文件保存路径和文件名。若指定了文件名，则返回以 w 方式打开的文件，否则返回 None。

上述方法均可打开系统的标准对话框。

例 11.26　使用各种文件对话框。

```python
from tkinter import *
from tkinter.filedialog import *
root=Tk()
label1=Label(text='状态栏：',relief=RIDGE,anchor=W)     #创建标签，作为窗口下方的状态栏
label1.pack(side=BOTTOM,fill=X)
sc=Scrollbar()              #创建滚动条
sc.pack(side=RIGHT,fill=Y)
text1=Text()
text1.pack(expand=YES,fill=BOTH)
text1.config(yscrollcommand=sc.set)
sc.config(command=text1.yview)      #将文本框内置垂直滚动方法设置为滚动条回调函数

menubar=Menu(root)              #创建 Menu 对象 menubar，将作为 root 窗口子菜单
root.config(menu=menubar)       #将 menubar 菜单作为 root 窗口的顶层菜单栏


def open1():                        #使用 askopenfilename()
    filename=askopenfilename()      #选择要打开的文件
    if filename:
        filestr=open(filename,'rb').read()      #获得文件内容
        text1.delete('1.0',END)
        text1.insert('1.0',filestr.decode('utf-8'))#将文件内容按UTF-8格式解码后写入文本框
        text1.focus()
        label1.config(text='状态栏：已成功打开文件'+filename,fg='black')
    else:
        label1.config(text='状态栏：没有选择文件',fg='red')


def open2():
    file=askopenfile()          #选择要打开的文件
    if file:
        filestr=file.read()     #获得文件内容
        text1.delete('1.0',END)
        text1.insert('1.0',filestr)     #将文件内容写入文本框
        text1.focus()
        label1.config(text='状态栏：已成功打开文件'+file.name,fg='black')
    else:
        label1.config(text='状态栏：没有选择文件',fg='red')


def saveas1():                      #使用 asksaveasfilename()
    filename=asksaveasfilename()        #获得写入文件的名字
    if filename:
        data=text1.get('1.0',END)       #获得文本框内容
        open(filename,'w').write(data)      #写入文件
        label1.config(text='状态栏：已成功打开文件'+filename)


def saveas2():                      #使用 asksaveasfile()
    file=asksaveasfile()        #获得写入文件的名字
    if file:
        data=text1.get('1.0',END)       #获得文本框内容
        file.write(data)    #写入文件
```

```
                file.close()
                label1.config(text='状态栏: 已成功打开文件'+file.name,fg='black')
        else:
                label1.config(text='状态栏: 没有选择文件',fg='red')
file=Menu(menubar,tearoff=0)            #file 将作为 menu 菜单的子菜单
file.add_command(label='打开 1...',command=open1)
file.add_command(label='打开 2...',command=open2)
file.add_separator()                    #添加菜单分隔符
file.add_command(label='另存为 1...',command=saveas1)
file.add_command(label='另存为 2...',command=saveas2)
file.add_separator()                    #添加菜单分隔符
file.add_command(label='退出',command=root.destroy)
menubar.add_cascade(label='文件',menu=file)        #菜单 file 添加为 menubar 的子菜单
mainloop()
```

程序运行时，显示的窗口如图 11-27 所示。

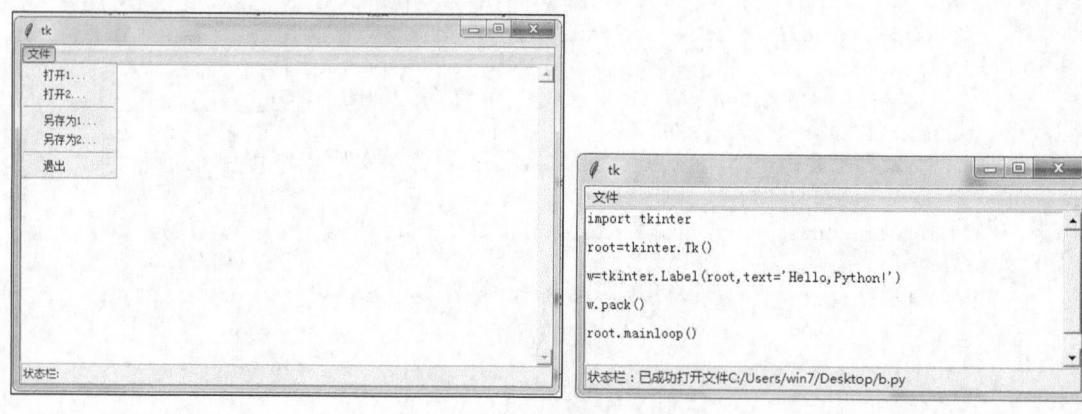

图 11-27   使用各种文件对话框

程序运行时，打开的 "打开" 对话框和"另存为"对话框就是操作系统的相应的对话框。

11.3   实例：基于 GUI 的用户注册信息系统

本节综合应用本章所学内容，修改第 10 章中的实例，将各个系统功能在 GUI 界面中完成。

11.3.1   系统功能预览

系统各项功能通过菜单进行调用，在主窗口中完成各项操作。

1. 系统主窗口

程序启动后，显示系统主窗口，如图 11-28 所示。

菜单"系统操作菜单"包含了系统的 5 个功能菜单。

● 创建/重置用户数据库：用于创建新的用户数据库。若已经保存了用户数据，该操作会删除原有的用户数据。

● 显示全部已注册用户：在窗口中以表格形式显示已注册用户的用户 ID 和密码等信息。

- 查找/修改/删除用户信息：显示执行查找、修改和删除用户的界面。
- 添加新用户：显示添加新用户界面。
- 退出：退出系统。

图 11-28　系统主窗口及菜单

2. 创建/重置用户数据库

在第一次运行系统程序或需要删除原有用户数据时，选择"系统操作菜单\创建/重置用户数据库"命令，显示确认对话框，单击【确定】按钮创建新的用户数据库并显示消息对话框如图 11-29 所示。

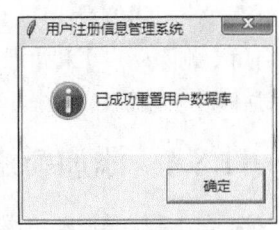

11.3.2　显示全部已注册用户

选择"系统操作菜单/显示全部已注册用户"命令，在窗口中显示全部现有用户数据，如图 11-30 所示。

图 11-29　成功重置用户
数据库消息对话框

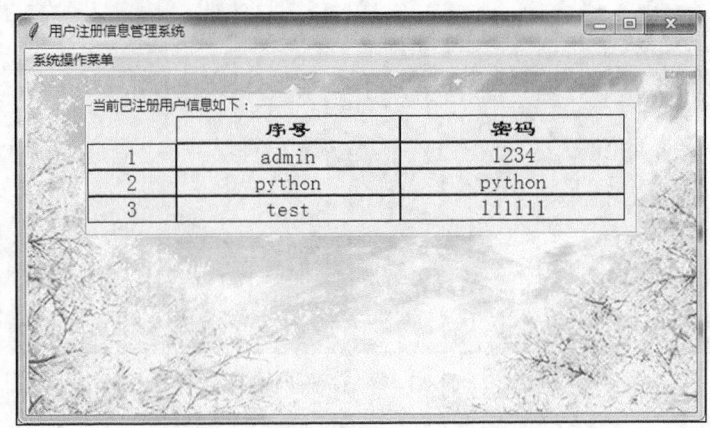

图 11-30　显示全部已注册用户

11.3.3　查找/修改/删除用户信息

选择"系统操作菜单\查找/修改/删除用户信息"命令，在窗口中显示执行查找、修改和删除用户的界面，如图 11-31 所示。

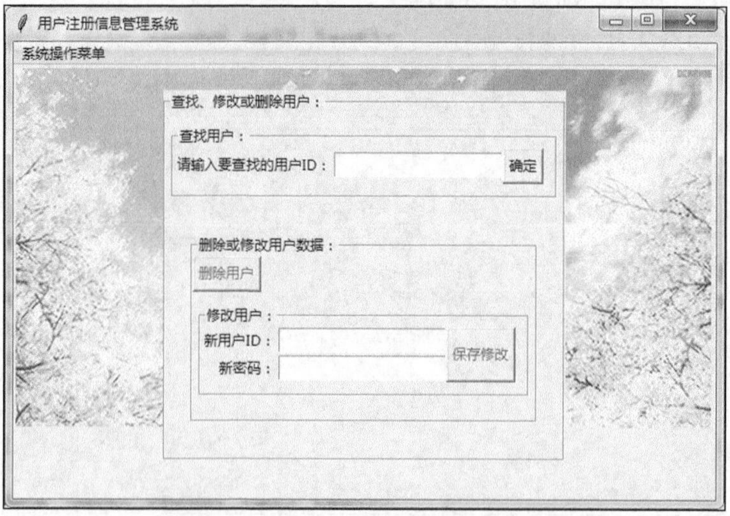

图 11-31　查找、修改和删除用户信息的界面

在未查找到已注册用户前，删除用户和修改用户数据功能无法使用。在"请输入要查找的用户 ID"文本框中输入用户 ID，然后单击【确定】按钮查找该用户 ID 是否已经注册。若已注册，则启用【删除用户】和【保存修改】按钮。单击【删除用户】按钮可删除查找到的用户 ID。单击【保存修改】按钮，可用输入的新用户 ID 和密码替换查找到的用户的数据。

11.3.4　添加新用户

选择"系统操作菜单\添加新用户"命令，窗口中显示添加新用户界面，如图 11-32 所示。

图 11-32　添加新用户界面

输入用户 ID 和密码后，单击【保存】按钮可将新的用户数据添加到数据库中。单击【重置】按钮可清除输入框。

11.3.5　系统功能实现

下面的示例可实现基于 GUI 的用户注册信息管理系统。

例 11.27　基于 GUI 的用户注册信息管理系统综合实例。

```
'''
用户注册信息管理系统
功能包括:
    1.查看全部已注册用户信息
    2.查找用户信息
    3.修改用户信息
    4.删除用户信息
    5.添加新用户
    6.创建/重置用户数据库
    每个注册用户的信息包括用户名(userid)和密码(password)
    所有用户数据保存在 SQLite 数据库 userinfo.dat 的表 users 中
    程序启动后,显示操作菜单,并根据选择执行不同的操作
    各种菜单操作定义为函数,调用函数完成对应操作
'''
'''
系统发生异常时,除了将异常信息显示给用户外,还将异常信息写入文件 chapter9_do_log.txt
'''


try:#添加异常处理
    #集中导入需要使用的模块和函数
    from tkinter import *
    from tkinter.messagebox import *
    import sqlite3
    from traceback import print_tb
    from datetime import datetime
    root=Tk()
    root.geometry('600x300')          #设置窗口初始大小
    systitle='用户注册信息管理系统'
    root.title(systitle)              #设置系统标题

    pic=PhotoImage(file=r'backpic.gif')
    label1=Label(image=pic)           #载入图片作为背景
    label1.place(x=0,y=0)

    mainframe=LabelFrame()                    #mainframe 作为显示各个系统功能界面的容器
    mainframe.pack()
    dbfile='userdata.dat'             #设置用户数据库文件名


    ##函数 showall()显示当前已注册用户信息###
    def showall():
        global mainframe
        try:
            cn=sqlite3.connect(dbfile)     #连接 SQLite 数据库
            cur=cn.execute('select * from users')      #查询所有用户数据
            users=cur.fetchall()
            cn.close()                          #关闭数据库连接
```

```
                        mainframe.destroy()              #删除已有功能界面
                        if len(users)==0:
                            showwarning(systitle,"当前无注册用户!")
                        else:
                            mainframe=LabelFrame(text='当前已注册用户信息如下：')
                            mainframe.pack(anchor=CENTER,pady=20,ipadx=5,ipady=5)
                            mainframe.columnconfigure(1,minsize=80)
                            mainframe.columnconfigure(2,minsize=200)
                            mainframe.columnconfigure(3,minsize=200)
                            Label(mainframe,text='序号',font=('隶书',15,'bold'),bd=1,relief=SOLID)
                                    .grid(row=1,column=2,sticky=N+E+S+W)
                            Label(mainframe,text='密码',font=('隶书',15,'bold'),bd=1,relief=SOLID)
                                    .grid(row=1,column=3,sticky=N+E+S+W)
                        rn=2
                        n=0
                        for x in users:               #遍历用户列表，打印用户信息
                            cn=1
                            Label(mainframe,text=str(rn-1),font=('宋体',14),bd=1,relief=SOLID)
                                    .grid(row=rn,column=cn,sticky=N+E+S+W)
                            for a in x:
                                cn+=1
                                Label(mainframe,text=str(a),font=('宋体',14),bd=1,relief=SOLID)
                                    .grid(row=rn,column=cn,sticky=N+E+S+W)
                            rn+=1
            except Exception as ex:
                showerror(systitle,'数据库访问出错:%s'%ex)
                raise ex                       #向外传递异常，以便统一写入日志
        ##函数 showall()代码结束


##check_update()执行查找、修改或删除操作###
def check_update():
    try:
        global mainframe
        mainframe.destroy()          #删除已有功能界面
        mainframe=LabelFrame(text='查找、修改或删除用户：')
        mainframe.pack(anchor=CENTER,pady=20,ipadx=5,ipady=5)

        tf=LabelFrame(mainframe,text='查找用户：')
        tf.pack(anchor=CENTER,pady=10,ipadx=5,ipady=5)
        Label(tf,text='请输入要查找的用户 ID：',anchor=E).grid(row=1,column=1)
        userid=StringVar()
        txtuid=Entry(tf,textvariable=userid)
        txtuid.grid(row=1,column=2)
        btok=Button(tf,text='确定')
        btok.grid(row=1,column=3)

        editframe=LabelFrame(mainframe,text='删除或修改用户数据：')
        editframe.pack(anchor=CENTER,pady=20,ipadx=5,ipady=5)

        btdel=Button(editframe,text='删除用户',state=DISABLED)
        btdel.pack(anchor=NW)
```

```
op=LabelFrame(editframe,text='修改用户: ')
op.pack(anchor=CENTER,pady=10,ipadx=5,ipady=5)

Label(op,text='新用户ID: ',anchor=E).grid(row=1,column=1)
newuserid=StringVar()
newtxtuid=Entry(op,textvariable=newuserid)
newtxtuid.grid(row=1,column=2)
Label(op,text='新密码: ',anchor=E).grid(row=2,column=1,sticky=E)
newpassword=StringVar()
newtxtpwd=Entry(op,textvariable=newpassword)
newtxtpwd.grid(row=2,column=2)

bteditsave=Button(op,text='保存修改',state=DISABLED)
bteditsave.grid(row=1,column=3,rowspan=2,sticky=N+E+S+W)

def dofind():
    uname=userid.get()
    if find(uname)==-1:
        showinfo(systitle,'%s 还未注册!'%uname)
    else:
        btdel.config(state=NORMAL)
        bteditsave.config(state=NORMAL)
def dodelete():
    uname=userid.get()
    if askokcancel('用户注册管理系统',"确认删除用户:%s?"%uname):
        cn=sqlite3.connect(dbfile)
        cn.execute('delete from users where userid=?',(uname,))
        cn.commit()
        cn.close()
        showinfo(systitle,"成功删除用户:%s"%uname)
def saveedit():
    uname=userid.get()
    newname=newuserid.get()
    if newname=='':
        showerror(systitle,'新的用户名输入错误: %s'%newname)
        newtxtuid.focus_set()
    else:
        #检查是否已存在同名的注册用户
        if find(newname)==1:
            showerror(systitle,'你输入的用户名 %s 已经使用: '%newname)
            newtxtuid.focus_set()
        else:
            pwd=newpassword.get()
            if pwd=='':
                showerror(systitle,'你输入的密码无效! ')
                newtxtpwd.focus_set()
            else:
                cn=sqlite3.connect(dbfile)
                cn.execute('update users set userid=?,password=?
                        where userid=?',(newname,pwd,uname))
                cn.commit()
                cn.close()
                showinfo(systitle,'已成功修改用户数据! ')
btok.config(command=dofind)
btdel.config(command=dodelete)
```

```
                    bteditsave.config(command=saveedit)
            except Exception as ex:
                print('\t 数据库访问出错:',ex)
                showerror(systitle,'数据库访问出错:%s'%ex)
                raise ex                #向外传递异常，以便统一写入日志
        ##函数 check_update()代码结束
    ##函数 adduser()添加新用户###
    def adduser():
        try:
            global mainframe
            mainframe.destroy()      #删除已有功能界面
            mainframe=LabelFrame(text='添加新用户: ')
            mainframe.pack(anchor=CENTER,pady=20,ipadx=5,ipady=5)

            tf=Frame(mainframe)
            tf.pack()
            Label(tf,text='用户 ID:',anchor=E).grid(row=1,column=1)
            userid=StringVar()
            txtuid=Entry(tf,textvariable=userid)
            txtuid.grid(row=1,column=2)
            Label(tf,text='密码: ',anchor=E).grid(row=2,column=1,sticky=E)
            password=StringVar()
            txtpwd=Entry(tf,textvariable=password)
            txtpwd.grid(row=2,column=2)

            tf2=Frame(mainframe)
            tf2.pack()
            btclear=Button(tf2,text='重置')
            btclear.grid(row=1,column=1)
            btok=Button(tf2,text='保存')
            btok.grid(row=1,column=2)

            def clearall():              #清除用户 ID 和密码输入框
                userid.set('')
                password.set('')
            def savenew():
                uname=userid.get()
                pwd=password.get()
                if uname=='':
                    showerror(systitle,'用户名输入无效! ')
                else:
                    #检查是否已存在同名的注册用户
                    if find(uname)==1:
                        showerror(systitle,'你输入的用户名已经使用，请重新添加用户! ')
                        txtuid.focus()
                    else:
                        if pwd=='':
                            showerror(systitle,'登录密码输入无效! ')
                        else:
                            cn=sqlite3.connect(dbfile)
                            cn.execute('insert into users values(?,?)',(uname,pwd))
                            cn.commit()
                            cn.close()
```

```
                              showinfo(systitle,'已成功添加用户！')
                  btclear.config(command=clearall)
                  btok.config(command=savenew)
          except Exception as ex:
              showerror(systitle,'数据库访问出错:%s'%ex)
              raise ex                    #向外传递异常，以便统一写入日志
          ##函数 adduser()结束


  ##函数 find(namekey)查找是否存在用户名为 namekey 的注册用户###
  def find(namekey):
      try:
          cn=sqlite3.connect(dbfile)       #连接 SQLite 数据库
          cur=cn.execute('select * from users where userid=?',(namekey,))#查询数据库
          user=cur.fetchall()
          #如果存在与 namekey 值同名的用户，则返回 1，否则返回-1
          if len(user)>0:
              n=1
          else:
              n=-1
          cn.close()                     #关闭数据库
          return n
      except Exception as ex:
          showerror(systitle,'数据库访问出错:%s'%ex)
          raise ex                    #向外传递异常，以便统一写入日志
      ##函数 find 结束##


  ##函数 resetdb()重置用户数据库（删除已注册用户数据）###
  def resetdb():
      try:
          global mainframe
          mainframe.destroy()
          msg='该操作将删除所有已注册用户数据，\n 请确认是否继续？'
          if askokcancel('用户注册信息管理系统',msg):
              cn=sqlite3.connect(dbfile)
              cn.execute('drop table if exists users')
              cn.execute('create table users(userid text primary key,password text)')
              cn.close()
              showinfo(systitle,'已成功重置用户数据库')
      except Exception as ex:
          showerror(systitle,'数据库访问出错:%s'%ex)
          raise ex                      #向外传递异常，以便统一写入日志
      ##函数 resetdb()结束##
  def goexit():
      if askokcancel('用户注册信息管理系统',"确认退出系统？"):
          root.destroy()
  ##函数 goexit 代码结束##


  #创建系统菜单
  menubar=Menu(root)               #创建 Menu 对象 menubar,作为 root 窗口子菜单
  root.config(menu=menubar)        #将 menubar 菜单作为 root 窗口的顶层菜单栏
  file=Menu(menubar,tearoff=0)     #file 将作为 menubar 菜单的子菜单
```

```
        file.add_command(label='创建/重置用户数据库',command=resetdb)
        file.add_separator()
        file.add_command(label='显示全部已注册用户',command=showall)
        file.add_command(label='查找/修改/删除用户信息',command=check_update)
        file.add_command(label='添加新用户',command=adduser)
        file.add_separator()
        file.add_command(label='退出',command=goexit)
        menubar.add_cascade(label='系统操作菜单',menu=file) #菜单 file 添加为 menubar 的子菜单
    except  Exception as ex:
        from traceback import print_tb    #导入 print_tb 打印堆栈跟踪信息
        from datetime import datetime     #导入日期时间类，为日志文件写入当前日期时间
        log=open('chapter11_do_log.txt','a')  #打开异常日志文件
        x=datetime.today()                    #获得当前日期时间
        #为用户显示异常日志信息
        print('\n 出错了:')
        print('日期时间：',x)
        print('异常信息：',ex)
        print('堆栈跟踪信息：')
        print_tb(ex.__traceback__)

        #将异常日志信息写入文件
        print('\n 出错了：',file=log)
        print('日期时间：',x,file=log)
        print('异常信息：',ex.args[0],file=log)
        print('堆栈跟踪信息：',file=log)
        print_tb(ex.__traceback__,file=log)
        log.close()                            #关闭异常日志文件
        print('发生了错误，系统已退出')
```

小　结

本章主要介绍了使用 tkinter 创建 GUI 应用程序的基础知识，包括组件打包、添加事件处理、Packer 布局、Grid 布局和 Place 布局等主要内容。通过基础知识，掌握如何将组件添加到窗口、设置组件属性、在窗口中控制组件位置以及组件添加事件处理函数等。这些是 GUI 程序设计的必备知识。本章还介绍了 tkinter 模块中的各种常用组件，使用这些组件可以快速创建窗口中的各种界面元素。最后，本章通过一个实例介绍了如何使用 tkinter 模块实现一个基于 GUI 的用户注册信息管理系统。

习　题

1. 为基于 GUI 的用户注册信息管理系统增加一个"帮助\查看日志"命令，查看系统的异常日志文件。

2. 为基于 GUI 的用户注册信息管理系统增加一个"帮助\关于…"命令，显示系统版权信息。

第12章
Django 框架 Web 编程

本章要点

- 理解 Django 框架。
- 理解 MVC 模式和 Django 的 MTV 模式。
- 掌握 Django 的安装。
- 能够部署运行本章的案例。

本章我们将结合一个项目开发的实例，介绍 Python 应用于 Web 的应用程序。该程序是在一个通用的 Python 框架——Django 上开发的实例。

12.1　Django 框架与 MTV 模式

12.1.1　Django 框架简介

Django 之于 Python 如同 Zend Framework 之于 PHP，以及.NET Framework 之于 C#。Django 是由 Python 开发的应用于 Web 开发的免费开源的高级动态语言框架，在全球拥有一个活跃度很高的社区。它最初是被开发用于管理劳伦斯出版集团旗下的一些以新闻内容为主的网站的，并于 2005 年 7 月在 BSD 开放源代码协议许可下授权给开发者自由使用。这套框架是以比利时的吉普赛爵士吉他手 Django Reinhardt 来命名的。使用 Django，我们能在很短的时间内创建出高品质、易维护、数据库驱动的应用程序。Django 拥有完善的模板 (Template) 机制、对象关系映射机制以及拥有动态创建后台管理界面的功能。使用 Django 框架来开发 Web 应用，可以快速设计和开发具有 MVC 层次的 Web 应用。Django 框架是从实际项目中诞生出来的，该框架提供的功能特别适合于动态网站的建设，特别是管理接口。

Django 框架包含了 Web 开发网络应用所需的组件。这些组件包括数据库对象关系映射、动态内容管理的模板系统和丰富的管理界面。在 Django 框架中，可以使用脚本文件 manage.py 来构建简单的开发服务器。Django 框架作为一个快速的 Web 应用开发框架，具有下面的一些特点。

- 丰富的组件。Django 框架具有丰富的用于开发 Web 应用的组件。这些组件都是用 Python 开发的，并为开源界所修改和使用。Django 框架中的组件的设计目的是实现重用性并具有易用性。
- 对象关系映射和多数据库支持。Django 框架的数据库组件——对象关系映射提供了数据模块和数据引擎之间的接口。支持的数据库包括 PostgreSQL、MySQL 和 SQLite 等。这种设计使得在切换数据库的时候只需要修改配置文件即可。这为应用开发者在设计数据库时提供了很好的灵活性。

- 简洁的 URL 设计。Django 框架中的 URL 系统设计非常强大而灵活。我们可以在 Web 应用中为 URL 设计匹配模式，并用 Python 函数处理。这种设计使得 Web 应用的开发者可以创建友好的 URL，且更适合于搜索引擎的搜索。

- 自动化的管理界面。Django 框架已经提供了一个易用的管理界面。这个界面可以方便地管理用户数据，具有高度的灵活性和可配置性。

- 强大的开发环境。Django 提供了强大的 Web 开发环境，其中有一个可用于开发和测试的轻量级 Web 服务器。当启用调试模式后，Django 会显示大量的调试信息，使得消除 bug 非常容易。

12.1.2　Django 的 MTV 模式

Django 作为一个流行的基于 Python 的 Web 开发框架，也支持 MVC（Model View Controller，模型-视图-控制器）模式。在 Django 框架中，当发生 URL（Uniform Resource Locator，统一资源定位符）请求时，将会调用指定的 Python 方法。通过业务逻辑处理后，将会通过模板来呈现页面。Django 更关注的是 MTV 模式，即模型（Model）、模板（Template）和视图（View）。

M 代表模型，即数据存取层。该层处理与数据相关的所有事务：如何存取数据、如何验证数据的有效性以及如何描述数据之间的关系等。在这一层中，Django 使用 diango.db.model.Model 实现了网站设计中需要使用的数据模型，在数据模型中定义了保存在数据库中的各种对象及其属性。通过继承自 Model 类生成的对象，可以通过添加 Field 来为特定的数据增加方法。Django 数据模型提供了丰富的访问数据对象接口。数据模型中的数据将会同步到后台的数据库中。Django 提供了一个良好的对象关系映射，使得开发者可以从视图和模板中访问数据库中的数据。

T 代表模板，即表现层。该层处理与表现相关的逻辑：如何在页面或其他类型文档中进行显示等。Django 提供了强大的模板解析功能，通过页面函数来输出页面响应。模板系统使得 Web 应用的开发者可以把注意力集中在需要展现的数据上，而页面设计者只需关注输出页面的构成。

V 代表视图，即业务逻辑层。该层包含存取模型及调取恰当模板的相关逻辑。可以把它看作模型与模板之间的桥梁。在这一层，Django 框架实现了良好的 URL 设计和处理。当收到 URL 请求时，Django 将会使用一组预订的 URL 模式来匹配合适的处理器。实际上，URL 的设计也是网站视图层设计，决定了 Web 应用如何读取 URL 请求以及如何显示网页。对每个特定的 URL，Django 都会有一个特定的视图函数来进行处理。可以看到，Django 框架的视图处理分成多个步骤。其框架在收到 URL 请求后，通过页面函数来处理，最后将页面响应返回给浏览器显示。

12.1.3　Django 安装

由于 Python 语言的跨平台性，因此 Django 可以很方便地安装在 Windows 等系统平台上。这里以 Windows 系统为例来介绍 Django 的安装过程。安装步骤如下。

（1）在 Django 的官网下载 Django 压缩包。

（2）解压该压缩包，解压到 C 盘。

（3）打开 DOS 命令窗口，执行 cd 命令转到 Django-1.9.13 目录下。

（4）执行 setup.py install 命令，启动 Django 安装程序。安装成功后，可以通过执行命令验证

Django 是否安装成功。

```
>>> import django
>>> django.get_version()
'1.9.13'
```

输出 Django 的版本号 1.9.13，则说明 Django 已安装成功。如图 12-1 所示。

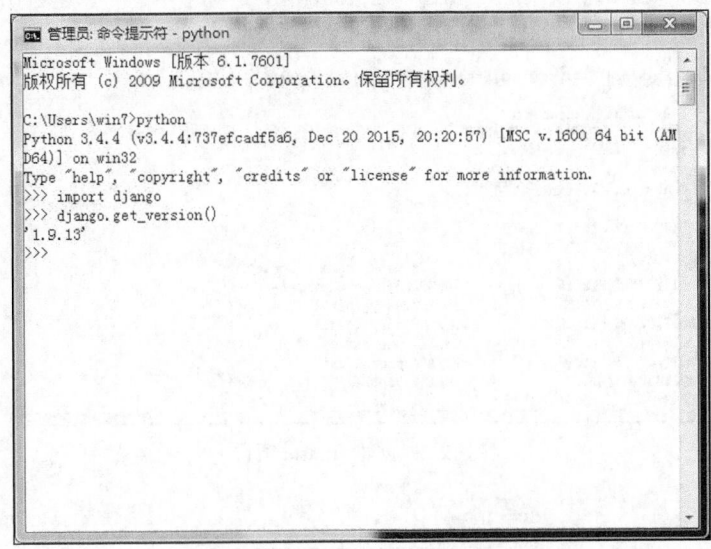

图 12-1　测试 Django 的安装结果

12.2　创建 Django 项目

在成功安装 Django 框架后，就可以使用 Django 框架开发 Web 应用了。Django 框架提供了一种快捷的方法来创建功能丰富的 Web 应用。接下来使用 Django 创建一个简单的学生信息管理系统。

12.2.1　创建开发项目

当我们创建项目时，需要用到 diango-admin.py 文件。该文件位于 Python 的安装根目录下的 Scripts 目录。在 DOS 命令窗口下，先转到 Script 目录，然后执行以下命令创建一个名为 xmustu 的项目，代码如下。

```
django-admin startproject xmustu
```

使用 django-admin 创建 xmustu 项目如图 12-2 所示。

执行以上命令后，Django 将在 Scripts 目录下自动为我们创建 xmustu 项目，并拥有如图 12-3 所示目录结构。

下面对这一结构中的各个文件进行说明。

- __init__.py 空文件，可以根据需要进行必要的初始化，此外还用于打包 python 工程。
- settings.py 项目的默认配置文件，包括了数据库信息、调试标识以及其他一些重要的变量。
- urls.py 是 URL 配置文件，主要是将 URL 映射到应用程序中的相应函数。

- wsgi.py 内置 runserver 命令的 WSGI 应用配置文件。
- manage.py 是 Django 中的一个工具，用于管理 Django 站点。

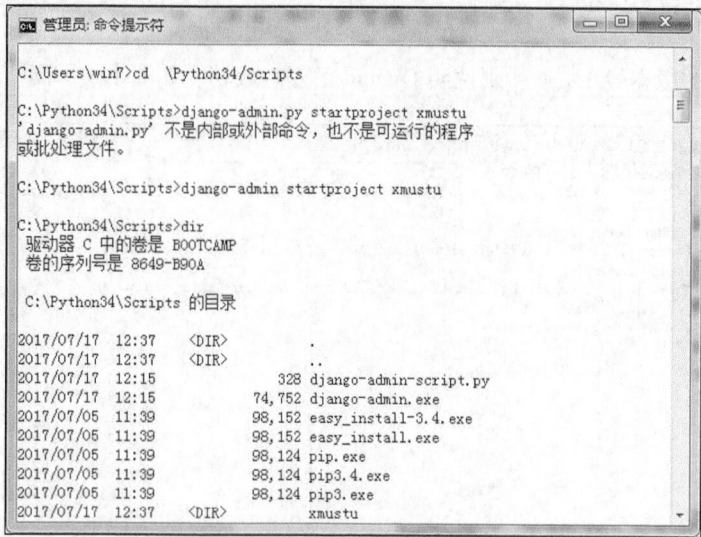

图 12-2　创建 xmustu 项目

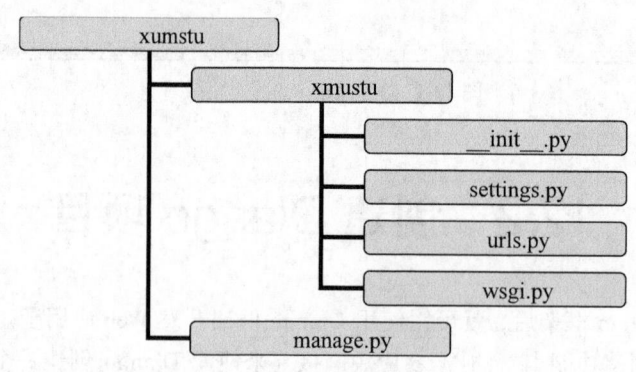

图 12-3　新建项目目录结构

12.2.2　运行开发服务器

在 DOS 命令窗口下转到 xmustu 目录，输入如下命令启动服务器。

```
python manage.py runserver
```

成功启动后如图 12-4 所示。

如果启动时报错，且 error 为 10013，则代表 8000 端口被其他应用进程占用。这时需要关掉对应的进程，或者修改 Django 服务器监听的端口（默认是 8000），如执行以下命令监听 9000 端口。

```
manage.py runserver 9000
```

执行以上命令，只能在本机上访问该服务器，即只能接受本机的请求。在多人开发 Django 项目时，可能需要从其他主机访问该服务器。此时可以使用下面的命令来接收来自其他主机的请求。

```
manage.py runserver 0.0.0.0:8000
```

该语句表示服务器监听本机所有网络接口的 8000 端口。这样可以满足多人合作开发和测试

Django 项目的需求，同时也可以使用其他主机访问该服务器。然后在浏览器中输入
"http://127.0.0.1:8000/"，将会显示 Django 项目的初始化页面，如图 12-5 所示。

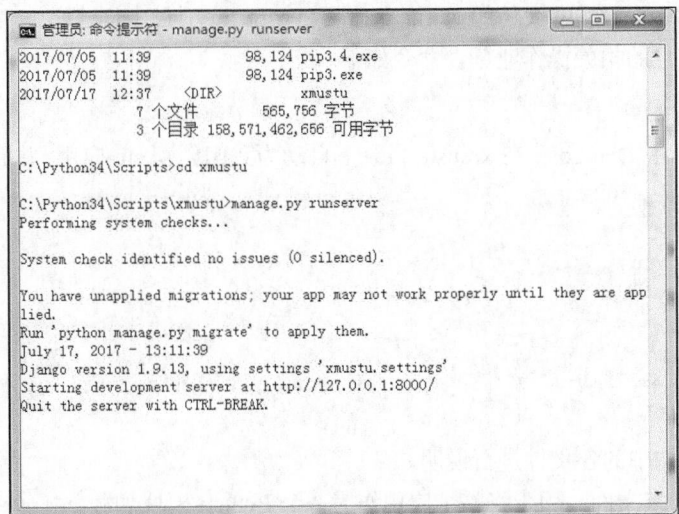

图 12-4　启动项目服务器

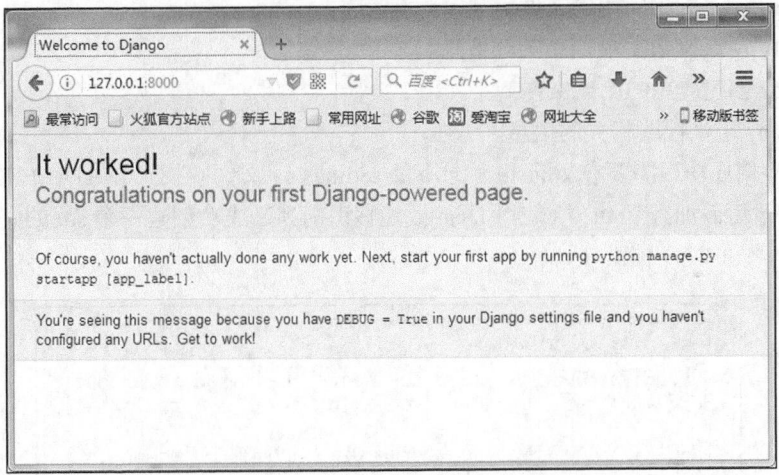

图 12-5　Django 项目的初始化页面

看到 Django 项目的初始化页面的同时，在命令窗口也会看到如下信息。

```
[17/Jul/2017 13:13:04] "GET / HTTP/1.1" 200 1767
```

此信息显示了连接的时间以及响应信息，HTTP 的状态码为 200，表示此连接已成功。至此我
们已经成功地配置并运行了一个最简单的 Django 项目。

12.3　Django 项目的高级配置

12.3.1　创建项目应用

上一节我们创建了一个最基本最简单的 Django 项目，但这个项目目前并不能实现什么功能。

一个 Django 项目由一个或多个应用（Application）构成，我们可以根据项目模块来划分应用。为了实现我们构建项目的功能，我们还需要建立起 MTV 框架的应用。

我们可以通过 manage.py 文件的 startapp 命令在 xmustu 项目中创建一个名为 stu 的应用，用于实现学生个人信息的相关操作业务。命令如下。

```
manage.py startapp stu
```

执行上述命令后，Django 将在 xmustu 目录下自动为我们创建 stu 应用，并拥有如下目录结构。

```
stu
|--migrations
|  |--__init__.py
|  |--admin.py
|  |--apps.py
|  |--models.py
|  |--tests.py
|  |--views.py
```

下面对这一结构中的各文件进行说明。

- __init__.py 空文件，用于将整个应用作为一个 Python 模块加载。
- admin.py 用于注册数据模型的文件。
- apps.py 用于配置应用的文件。
- models.py 定义数据模型相关的信息。
- tests.py 创建应用的测试文件。
- views.py 定义视图相关的信息。

创建 stu 应用成功后需要在 xmustu 目录下的 settings.py 文件中找到 INSTALLED_APPS 元组，在其元素最后面加入"stu"，使得 Django 能够识别到已成功创建一个 stu 的应用，如图 12-6 所示。

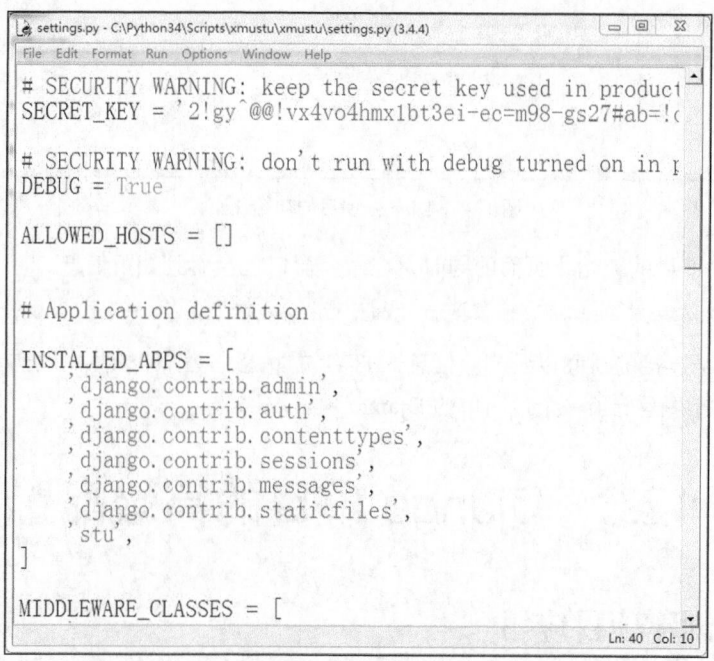

图 12-6 在 setting.py 文件的 INSTALLED_APPS 元组中加入 stu 应用

12.3.2　配置文件

Django 的 settings.py 配置文件涉及许多的功能，本节将介绍其中几个主要的配置。

1.　开发环境与生产环境

```
Debug=True
```

所创建的项目默认是在运行开发环境中，此时开发中所有的异常将会直接显示在网页上。例如，我们将项目搭建起来后，试图访问一个不存在的页面，将会产生 404 错误，提示网页不存在，如图 12-7 所示。

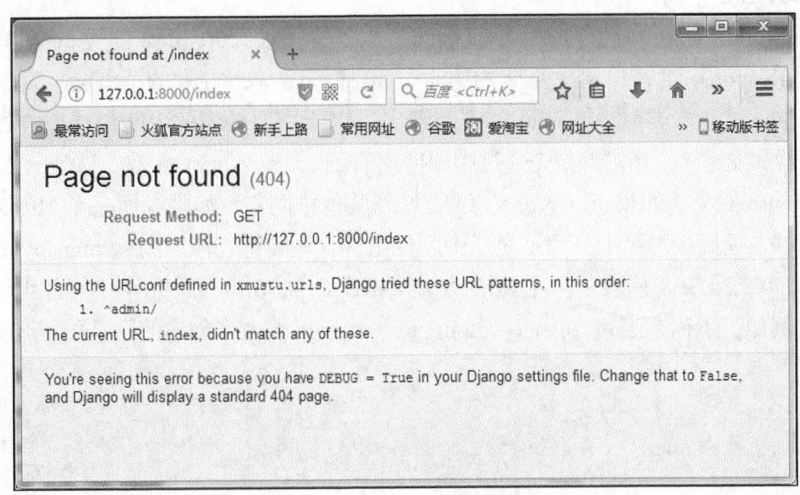

图 12-7　访问不存在的页面时的结果

由于在开发者环境下，系统运行的所有异常将会被显示在页面上，甚至可能暴露出内部的一些数据安全信息。这不是我们希望看到的。因此，在完成开发工作并进行部署时，需要将开发环境转化为生产环境，并指定如何处理诸如 404、500 之类的错误。生产环境中，需要设定 ALLOWED_HOSTS，以允许访问的地址，提高系统的安全性。例如，把 ALLOWED_HOSTS 设置为['192.168.*.* ']，这样就只有局域网内的用户可以访问该项目。当发布一个公共对外的站点时，我们需要把 ALLOWED_HOSTS 设置为['*']，如下所示。

```
Debug=False
ALLOWED_HOSTS=['*']
```

2.　配置数据库信息

在 Web 开发中，开发人员需要选择与自己所开发的项目相吻合的数据库。SQLite 数据库作为一种轻量级嵌入式的数据库引擎，有着其他数据库所不具备的优点。本章案例将使用 SQLite 数据库引擎。

在创建 SQLite 数据库前，需要先修改 setting.py 配置文件中的 DATABASES 字典，配置相应的属性值对数据库进行设置。配置如下。

```
# Database
# https://docs.djangoproject.com/en/1.9/ref/settings/#databases

DATABASES = {
    'default': {
```

```
            'ENGINE': 'django.db.backends.sqlite3',
            'NAME': 'db_xmu_stu',
            'USER':'',
            'PASSWORD':'',
            'HOST':'',
            'PORT':'',
        }
    }
```

其中，ENGINE 用来指定使用的是 SQLite3 类型的数据库；NAME 用来指定使用的数据库文件为 db_xmu_stu，使用 SQLite3 数据库；其他字段的值无须设置。配置好就可以创建数据库了。

3. MiddleWare 中间件

Django 的 MiddleWare 中间件的"中间"指的是服务器接收到 Request 到 View 处理，以及 View 处理完到发送 Response 给客户端这两个"中间"。熟悉 Java Web 开发的读者会发现，这个 Django 的中间件和 Filter 过滤器类似。Django 的安装部署可以不需要任何的中间件，但强烈建议添加上中间件。浏览器每发送一个请求都是先通过中间件中的 process_request 函数。这个函数将返回 None 或者 HttpResponse 对象，如果返回 None，继续处理其他中间件，如果返回一个 HttpResponse，就绕过其他中间件，返回到网页上。为了激活中间件组件，需要把它添加到 settings.py 配置文件中的 MIDDLEWARE_CLASSES 列表中。在 MIDDLEWARE_CLASSES 里，每个中间件组件通过一个字符串来表示。例如，下面是通过 django-admin.py startproject 命令创建的默认的 MIDDLEWARE_CLASSES：

```
MIDDLEWARE_CLASSES = [
    'django.middleware.security.SecurityMiddleware',
    'django.contrib.sessions.middleware.SessionMiddleware',
    'django.middleware.common.CommonMiddleware',
    'django.middleware.csrf.CsrfViewMiddleware',
    'django.contrib.auth.middleware.AuthenticationMiddleware',
    'django.contrib.auth.middleware.SessionAuthenticationMiddleware',
    'django.contrib.messages.middleware.MessageMiddleware',
    'django.middleware.clickjacking.XFrameOptionsMiddleware',
]
```

这些中间件的顺序是有意义的。在请求和视图阶段，Django 使用 MIDDLEWARE_CLASSES 给定的顺序申请中间件。在应答和异常阶段，Django 使用相反的顺序申请中间件，即 Django 把 MIDDLEWARE_CLASSES 当作一种视图方法的"包装器"：在请求时，它自顶向下申请这个列表的中间件到视图，而在应答时反序进行。这里需要强调 CSRF(Cross-site request forgery) 中间件，Django 中默认是有开启 CSRF 的。这样就可以防止跨站请求伪造。所以在所有的表单交互中，我们需要添加 CSRF 的验证，否则会产生错误。

12.3.3　设计数据模型

Django 的 Model 中一般封装了与应用程序的业务逻辑相关的数据以及对数据的处理方法。下面创建一个基本的数据模型，用于记录学生的基本信息。在 stu 应用的 models.py 文件中编写如下代码。

```
from django.db import models

# Create your models here.
class Student(models.Model):
```

```
stu_no=models.CharField(max_length=20)      #学号
name=models.CharField(max_length=20)        #姓名
sex=models.CharField(max_length=2)          #性别
major=models.CharField(max_length=50)       #专业
```

该段代码定义了一个名称为 Student 的类。该类继承自 models 中的 Model 类，在 Student 的类体中定义了 4 个字段分别用来描述学生的学号、姓名、性别和专业，使用 models 中的 CharField 函数来生成字段，并传入各字段的最大长度。

Django 中的 Model 将开发人员从烦琐的数据库操作中解放出来，在 Model 里开发者无需关注 SQL 语法，也不需要了解各种数据库里复杂的数据格式，只需要通过简单几行代码就可以实现和数据库的所有交互。

12.3.4　数据迁移

Django（1.7 以后的版本）有功能强大的数据迁移工具 migrate。migrate 可以记录对 Model 的每一次变更，并可以轻松回退到以前的 Model。这一点类似于代码管理工具 Git、SVN。在此基础上，我们可以在 Model 里动态地添加和删除数据表的字段。这对在项目开发中变更产品需求具有很大的帮助。

当我们对 Model 文件做了更新后，先运行 makemigrations 提交最近更新后的 Model。Django 会在应用的 migrations 目录下生成本次的迁移文件，查看并确定该迁移文件无误。再运行 migrate，可以将数据库更新到我们最新的 Model 状态。运行如下命令。

```
manage.py makemigrations
```

针对上一节设计的数据模型，命令行窗口会显示信息如图 12-8 所示。

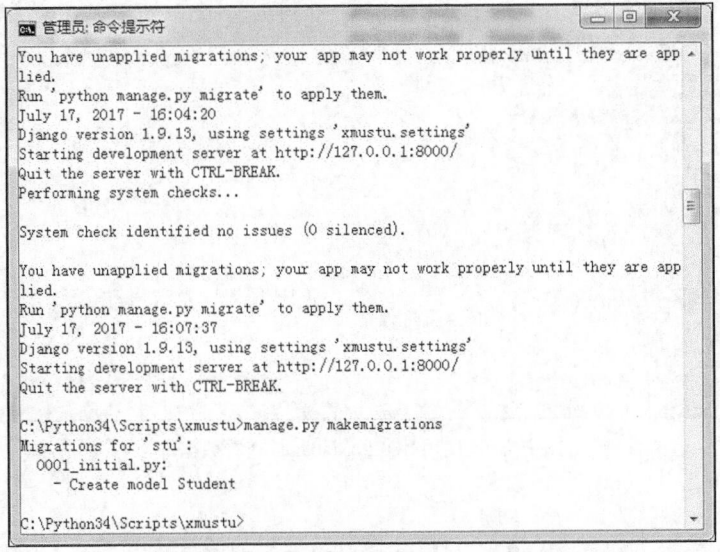

图 12-8　用 makemigrations 命令检查 Model 是否有更新

此次的数据迁移只需要创建一个名为 Student 的表，确定无误后，输入如下命令。

```
manage.py migrate
```

运行上述命令后将看到如图 12-9 所示的信息，表示数据成功迁移到数据库中。

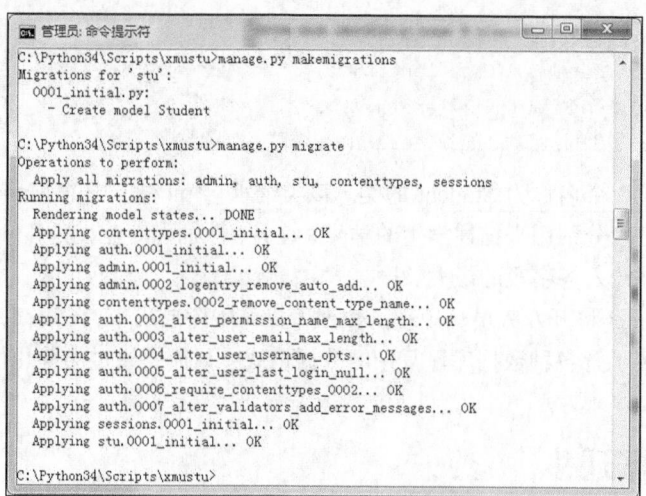

图 12-9　使用 migrate 命令成功迁移数据到数据库中

通过 SQLiteManager 软件打开 xmustu 目录下的 db_xmu_stu 文件, 我们会发现 Django 已经自动为我们创建了如图 12-10 所示的数据表, 其中, 前面 10 张表是 Django 默认创建的, 最后一张 stu_student 表是根据我们自定义创建的, 表名的命名规则是采用 app_model 的形式。

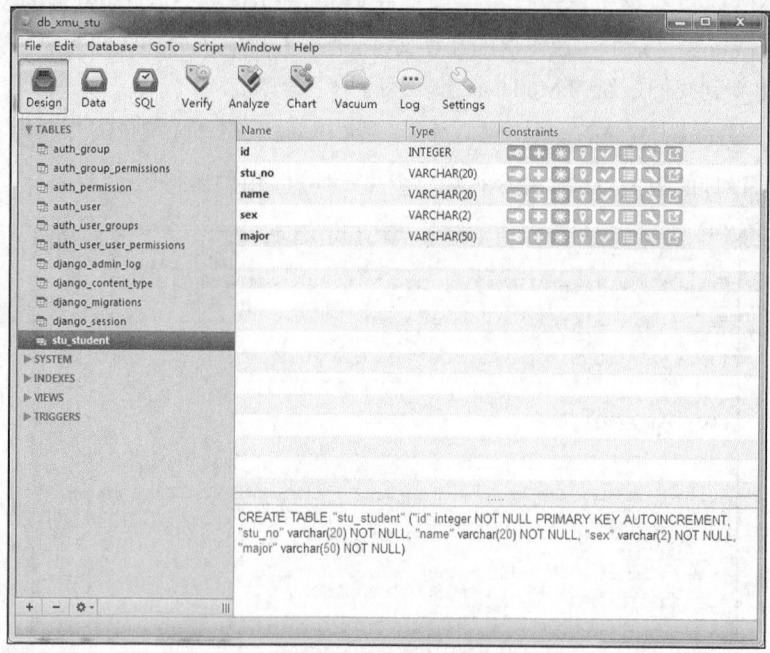

图 12-10　使用 SQLiteManager 查看数据库

12.4　Template 模板

12.4.1　什么是模板

Django 模板是一个 string 文本, 其可以有效地分离一个文档的显示和数据。模板使用

{{variables}}和表示多种逻辑的{%tags%}来规定文档如何显示。Django 模板可以重用，从而减少代码的冗余和系统设计的复杂性。下面是一个简单的模板文件。

```
<html lang='zh_cn'>
<head>
<title>{{page_title}}</title>
</head>
<body>
<h3>学生列表</h3>
<div class='col-md-12'>
    <div class="table-responsive">
            <table class="table table-condensed">
             <thead>
                 <tr>
                     <th>#</th>
                     <th>学号</th>
                     <th>姓名</th>
                     <th>性别</th>
                     <th>专业</th>
                 </tr>
             </thead>
             <tbody>
               {%for stu in stus %}
               <tr>
               <td>{{forloop.counter}}</td>
               <td>{{stu.stu_no}}</td>
               <td>{{stu.name}}</td>
               <td>{{stu.sex}}</td>
               <td>{{stu.major}}</td>
               </tr>
               {%endfor%}
             </tbody>
        </table>
    </div>
</div>
</body>
</html>
```

这个模板本质上是 HTML，但是夹杂了一些变量和模板标签。

（1）用{{}}包围的是变量，如{{page_title}}，此处将会被给定变量的值替换，如何指定这些变量的值将在后面说明。

（2）用{% %}包围的是逻辑块标签，如{%for stu in stus %}   {%endfor%}标识一个 for 的循环区域块。

在 Python 代码中使用模板系统，请按照下面的步骤。

（1）用模板代码创建一个 Template 对象。Django 也提供指定模板文件路径的方式创建 Template对象。

（2）使用一些给定变量 context 调用 Template 对象的 render() 方法。这将返回一个完全渲染的模板，它是一个 string，其中所有的变量和块标签都会根据 context 得到值。

12.4.2 模板的继承

可以根据需要展示页面的排版，将页面划分为多个区域，并且可以对每个区域设定一个专属模板。在渲染页面时，通过将所有的相关模板 include 进来。如假设设定了一个 nav.html 用于表示导航栏，在最终的渲染模板中{%include'nav.html'%}引入导航模板，include 可以有效减少模板的重复代码。

Django 中有一种更方便、更优雅的方式是模板继承。首先，在 stu 目录下创建一个 templates 文件夹，然后在该文件夹下创建父模板 base.html：

```
<html lang="zh_cn">
<head>
<title>{%block title %}{%endblock%}</title>
</head>
<body>
{%block content%}{%endblock%}
</body>
</html>
```

这里使用一个新的 tag，{%block%}用来告诉模板引擎。这个部分会在子模板中实现。如果子模板没有实现，就会默认使用父模板的代码。

其次，在 templates 文件夹下创建子模板 home.html：

```
{%extends "base.html" %}
{%block title %}Template Inheritance {%endblock%}
{%block content %}
<div class="col-md-12">
    <div class="table_responsive">
      <table class="table table-condensed">
    <thead>
      <tr>
          <th>#</th>
          <th>学号</th>
          <th>姓名</th>
          <th>性别</th>
          <th>专业</th>
      </tr>
    </thead>
    <tbody>
      {%for stu in stus %}
       <tr>
        <td>{{forloop.counter}}</td>
        <td>{{stu.stu_no}}</td>
        <td>{{stu.name}}</td>
        <td>{{stu.sex}}</td>
        <td>{{stu.major}}</td>
       </tr>
          {%endfor%}
      </tbody>
    </table>
    </div>
</div>
{%endblock%}
```

只需要先使用标签{%extends%}继承父模板，再把相应需要实现的部分写上所需要的内容。最终，该子模板继承父模板后渲染得到的 body 标签的内容会和上一节中的 HTML 代码的 body 标签的内容一样。

12.4.3　静态文件服务

Django 还提供了静态文件服务，并在 settings.py 的 INSTALLED_APPS 中有定义是否开启。部署项目时，常用的只读文件如 CSS 样式脚本、JavaScript 脚本和图片等文件可能根据每一个应用的独立性而放在不同的子目录下，而通过静态文件服务，我们可以不用关注具体的文件位置，仅仅通过 static 关键字就可以使服务器在 static 设定的所有目录下进行搜寻。

为了让本项目的排版显示更加美观，我们需要在 stu 应用中引入开源的自适应框架 Bootstrap，使其在移动设备上兼容显示。使用 Bootstrap，首先需要将其下载下来。这里下载的是 boostrap-3.3.5 的压缩包。此外，Bootstrap 框架需要用到 JavaScript 的 jQuery 框架。这里下载的是 jquery-2.2.0.min.js，同时，也为了成功使用静态文件服务功能，需要定义静态文件的存放目录。这里定义为 stu 应用目录下的 static 文件夹。将 boostrap-3.3.5 的压缩包解压到该目录下，并把 jquery-2.2.0.min.js 文件放到 static 文件夹下的 jquery-2.2.0 目录。然后在 settings.py 文件中添加如下代码。

```
STATIC_URL='/static/'
STATIC_ROOT=''
```

修改父模板 "base.html"，修改成如下所示。

```
{%load static %}
{% load compress %}
<!doctype html>
<html class="no-js" lang="zh_cn">
<head>
    <meta charset="utf-8">
    <meta http-equiv="X-UA-Compatible" content="IE=edge,chrome=1">
    <title>{%block title %}{%endblock%}</title>
    <meta name="description" content="{% block description %}{% endblock%}">
    <meta name="viewport" content="width=device-width,initial-scale=1">

    {% compress css %}
    <link rel="stylesheet" href="{% static 'bootstrap-3.3.5/css/bootstrap.min.css' %}">
    <link rel="stylesheet" href="{% static 'bootstrap-3.3.5/css/bootstrap.theme.min.css' %}">
    {% endcompress %}

    <!-- HTML5 shim and Respond.js for IE8 support of HTML5 elements and media queries-->
    <!--[if lt IE 9]>
      <script src="//cdn.bootcss.com/html5shiv/3.7.2/html5shiv.min.js"></script>
  <script src="//cdn.bootcss.com/respond.js/1.4.2/respond.min.js"></script>
    <! [endif]-->
</head>
<body>
<!--[if lt IE 8]>
<p class="browserupgrade">You are using an<strong>outdated</strong>browser.Please
<a href="http://browsehappy.com/">upgrade your browser</a>to improve your experience.</p>
<![endif]-->
<div>
<nav class="navbar navbar-inverse navbar-fixed-top" style="position:relative" role
="navigation">
    <div class="container">
     <div class="navbar-header">
        <button type="button" class="navbar-toggle collapsed" data-toggle="collapse"
data-target="#bs-example-navbar-collapse-1"
```

```
        aria-expanded="false">
        <span class="sr-only">Toggle navigation</span>
        <span class="icon-bar"></span>
        <span class="icon-bar"></span>
        <span class="icon-bar"></span>
      </button>
      <a class=navbar-brand" href="#">学生信息管理系统</a>
    </div>
{% block menu %}{%endblock%}
<!--/.navbar-collapse -->
    </div>
  </nav>
{%block content%}{%endblock%}
</div>
{%compress js%}
<script src="{%static 'jquery-2.2.0/jquery-2.2.0.min.js' %}"></script>
<script src="{%static 'bootstrap-3.3.5/js/bootstrap.min.js' %}"></script>
{%endcompress %}
</body>
</html>
```

第一行代码的{%load static %}表示我们将加载服务器的静态文件服务。第二行的{% load compress %}表示将启用压缩，compress 压缩一般用于 CSS 和 JS，凡是使用 compress 命令的区域，将会被压缩合并。如下代码，将会自动把两个 CSS 文件的内容合并生成一个新的 CSS 文件，而新生成的 CSS 文件位于 static 对应的目录下。

```
{% compress css %}
    <link rel='stylesheet" href="{% static 'bootstrap-3.3.5/css/bootstrap.min.css' %}">
    <link rel='stylesheet href="{% static 'bootstrap-3.3.5/css/bootstrap.theme.min.css' %}">
{% endcompress %}
```

同理，如下代码将会自动把两个 JS 文件的内容合并生成一个新的 JS 文件，新生成的 JS 文件位于 static 对应的目录下。

```
{%compress js%}
<script src="{%static 'jquery-2.2.0/jquery-2.2.0.min.js' %}"></script>
<script src="{%static 'bootstrap-3.3.5-dist/js/bootstrap.min.js' %}"></script>
{%endcompress %}
```

使用 compress 压缩功能需要先安装 django_compressor。这里介绍使用 pip 命令安装的方法，具体如下。

```
pip install django_compressor
```

同时，在 settings.py 文件中的 INSTALLED_APPS 中添加 compressor 应用。

pip 是一个用来管理 Python 包的工具。我们可以利用它来安装、升级、卸载 Python 的第三方扩展包。

1. 安装 pip

到 https://pip.pypa.io/en/latest/installing/ 站点下载 get-pip.py 文件，并将其保存到 Python 的安装根目录下。然后进入到该安装目录下执行 python get-pip.py 安装 pip 包管理工具。安装成功后如图 12-11 所示。

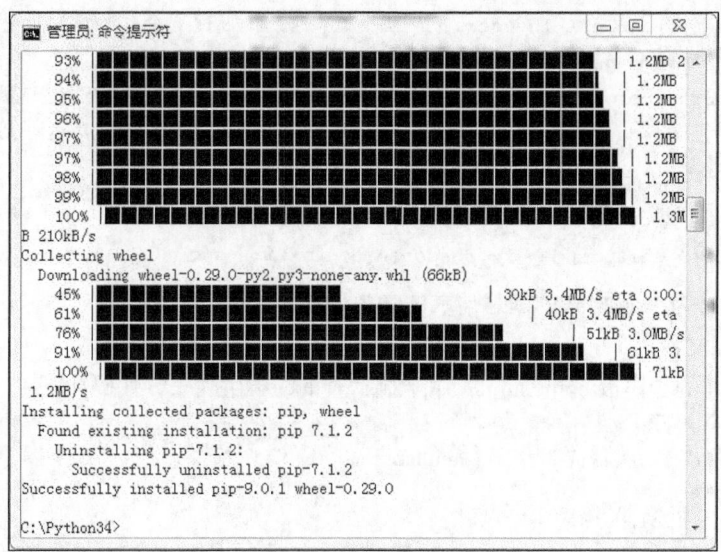

图 12-11　安装 pip 包管理工具

2. 配置环境变量

打开 Path 系统变量，确保路径 C:\Python34\Scripts 已经添加到 Path 环境变量中。

3. 管理包（安装、升级、卸载）

配置了环境变量后，就可以在 DOS 命令窗口下运行 pip 命令对包进行管理了。

12.5　实例：学生信息管理

12.5.1　查询学生

1. 创建视图

编辑视图文件 views.py，添加一个视图用于初始化学生列表，代码如下。

```python
from django.shortcuts import render
#新增加 3 条导入语句
from django.views.generic.base import TemplateView
from stu.models import Student
from django.core.paginator import Paginator,PageNotAnInteger,EmptyPage

# Create your views here.

class HomeView(TemplateView):          #继承 TemplateView 类
    template_name='home.html'
    def get(self,request,*args,**kwargs):
        limit=20                       #每页显示 20 条记录
        stus=Student.objects.all()
        paginator=Paginator(stus,limit)        #实例化一个分页对象
        page=request.GET.get('page')           #获取页码
        try:
            stus=paginator.page(page)          #获取某页对应的记录
```

```
        except PageNotAnInteger:                    #如果页码不是个整数
            stus=paginator.page(1)                  #取第一页的记录
        except EmptyPage:                           #如果页码太大，没有相应的记录
            stus=paginator.page(paginator.num_pages)    #取最后一页的记录
        context={
            'stus':stus,
            }
        return self.render_to_response(context)
```

其中，context 为 Json 格式的满足请求的学生信息。

2. 创建模板文件

修改前面创建的子模板 home.html，用于显示查询的学生列表，代码如下。

```html
{%extends "base.html" %}
{%block title %}学生信息管理系统{%endblock%}
{%block content %}
<div class="container">
<h3>学生列表</h3>
    <div class="table_responsive">
     <table class="table table-condensed">
     <thead>
       <tr>
         <th>#</th>
         <th>学号</th>
         <th>姓名</th>
         <th>性别</th>
         <th>专业</th>
         <th>操作</th>
       </tr>
     </thead>
     <tbody>
      {%for stu in stus %}
       <tr>
         <td>{{forloop.counter}}</td>
         <td>{{stu.stu_no}}</td>
         <td>{{stu.name}}</td>
         <td>{{stu.sex}}</td>
         <td>{{stu.major}}</td>
         <td><a href="/stu/edit?stu_no={{stu.stu_no}}"><span class="glyphicon glyp
hicon-edit glyphicon-btn" title="修改"></span></a>
             <a href="/stu/del?stu_no={{stu.stu_no}}"><span class="glyphicon glyph
icon-trash glyphicon-btn" title="删除"></span></a>
         </td>
       </tr>
           {% endfor %}
     </tbody>
   </table>
    </div>
</div>
{% endblock %}
{% block menu %}
<ul class="nav navbar-nav">
    <li class="active"><a href="/">学生列表</a></li>
```

```
<li><a href="/stu/add">添加学生</a></li>
</ul>
{% endblock %}
```

在 urls.py 文件中，我们需要设定访问学生列表的 URL 链接。这里把它设定为系统的首页。修改后的 urls.py 文件代码如下。

```
  from django.conf.urls import url
from django.contrib import admin
from stu.views import HomeView

urlpatterns = [
    #url(r'^admin/', admin.site.urls),
    url(r'^$',HomeView.as_view(),name='home'),
]
```

由于数据库的学生信息暂时为空，所以最终的渲染查询结果如图 12-12 所示。

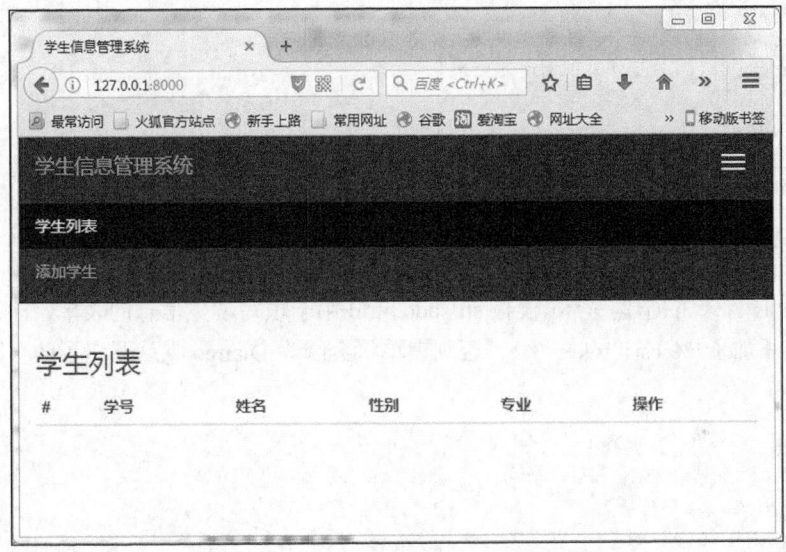

图 12-12　学生查询列表（无数据）

12.5.2　添加学生

这一节我们将实现在页面上向数据库添加数据的功能，我们需要在前端的页面中通过表单的输入来接收新学生。Django 已经构建好了通用 forms 包，我们可以借用 forms 包来构建和 Model 一致的学生表单，在 stu 目录下创建 form.py，代码如下。

```
from django import forms

class StuForm(forms.Form):
    stu_no=forms.CharField(
        label='学号',max_length=20,
        widget=forms.TextInput(attrs={'class':'form-control','placeholder':
                                     '输入学号','required':'required',}),
        )                         #输入学号的文本框
    name=forms.CharField(
        label='姓名',max_length=20,
```

```
            widget=forms.TextInput(attrs={'class':'form-control','placeholder':
                                    '输入姓名','required':'required',}),
            required=True)              #输入姓名的文本框
    sex=forms.ChoiceField(
        choices=(('男','男'),('女','女'),),
        widget=forms.Select(attrs={'class':'form-control'}),
        )                              #性别选择框
    major=forms.CharField(
        label='专业',max_length=100,
        widget=forms.TextInput(attrs={'class':'form-control','placeholder':
                                    '输入专业','required':'required',}),
        required=True)                 #输入专业的文本框
```

编辑视图文件 views.py，添加一个视图 stu_add 初始化添加学生信息的表单，代码如下。

```
#新增加 3 条导入语句
from stu.form import StuForm
from django.template import loader,RequestContext
from django.http import HttpResponse

def stu_add(request):
    template=loader.get_template('stu_add.html')     #指定要渲染的模板
    form=StuForm()                                    #实例化一个学生表单
    context=RequestContext(request,{'form':form})
    return HttpResponse(template.render(context))
```

在 templates 目录下创建一个子模板 stu_add.html 用于填写学生信息的表单，注意在表单渲染显示中，我们添加了{% csrf_token %}，否则表单将会因为 Django 默认开启了防止跨站请求伪造而提交失败。

```
{% extends "base.html" %}
{% block title %}学生信息管理系统{% endblock %}
{% block content %}
<div class="container">
<h3>添加新学生</h3>
<form role="form" action="{% url 'stu_add_result' %}" method="POST">
<div class="form-group">
    <label for="Stu_No">学号</label>
 {{form.stu_no}}
</div>
<div class="form-group">
    <label for="Stu_Name">姓名</label>
    {{form.name}}
</div>
<div class="form-group">
    <label for="Stu_Sex">性别</label>
</div>
<div class="form-group">
    <label for="Stu_Major">专业</label>
    {{form.major}}
</div>
{% csrf_token %}
<button type="submit" class="btn btn-primary">提交</button>
```

```
</form>
</div>
{% endblock %}
{% block menu %}
<ul class="nav navbar-nav">
   <li><a href="/">学生列表</a></li>
   <li class="active"><a href="/stu/add">添加学生</a></li>
</ul>
{% endblock %}
```

在 urls.py 中，我们需要设定访问新增学生页面的 URL 链接，代码如下。

```
from stu import views                               #新增导入语句
url(r'^stu/add$',views.stu_add,name='stu_add'),     #新增 URL
```

此外，我们还需要一个页面处理提交给服务器的新增学生的表单信息。编辑视图文件 views.py，添加一个视图 stu_add_result 用于处理提交新增学生的表单信息，并显示处理结果，代码如下。

```
def stu_add_result(request):
    template=loader.get_template('stu_add_result.html')     #指定要渲染得模板
    if request.method=='POST':
        form=StuForm(request.POST)
        #check whether it's valid:
        if form.is_valid():
            stu_no=form.cleaned_data['stu_no']
            name=form.cleaned_data['name']
            sex=form.cleaned_data['sex']
            major=form.cleaned_data['major']
            try:
                stu=Student.objects.get(stu_no=stu_no)      #检查是否学号重复了
                message='已经存在该学号的学生'
                alert_class='alert-warning'                 #Bootstrap 中用于显示警告的样式类
            except Student.DoesNotExist:
                stu=Student(
                    stu_no=stu_no,
                    name=name,
                    sex=sex,
                    major=major)
                stu.save()
                message='成功添加'
                alert_class='alert-success'                 #Bootstrap 中用于显示成功的样式类
            result={
                    'alert_class':alert_class,
                    'message':message,
                    'stu_no':stu.stu_no,
                    'name':stu.name,
                    'sex':stu.sex,
                    'major':stu.major,
                    }
    context=RequestContext(request,result)
    return HttpResponse(template.render(context))
```

在 templates 目录下创建一个子模板 stu_add_result.html 用于显示添加新学生的结果，代码如下。

```
{% extends "base.html" %}
{% block title %}学生信息管理系统{% endblock %}
{% block content %}
<div class="container">
<h3>添加学生</h3>
<div class="alert {{alert_class}}alert-dismissible fade in" role="alert">
<h4><strong>{{message}}</strong></h4>
<p>学号:{{stu_no}}</p>
<p>姓名:{{name}}</p>
<p>性别:{{sex}}</p>
<p>专业:{{major}}</p>
</div>
</div>
{%endblock%}
{%block menu %}
<ul class="nav navbar-nav">
   <li><a href="/">学生列表</a></li>
   <li class="active"><a href="/stu/add">添加学生</a></li>
</ul>
{% endblock %}
```

在 urls.py 中，我们需要设定新增学生表单提交响应页面的 URL 链接，代码如下。

```
url(r'^stu/add_result$',views.stu_add_result,name='stu_add_result'), #新增 URL
```

在浏览器中输入 "http://localhost:8000/stu/add"，或者在首页单击添加学生菜单按钮，可以看到最终添加学生页面的渲染结果如图 12-13 所示。

图 12-13　渲染添加新学生的表单页面

填写新生张三的数据并提交，提交处理结果如图 12-14 所示。

图 12-14 添加学生张三的处理结果

继续填写新生李四的数据并提交，若重复提交，将会提示该学号学生已存在，如图 12-15 所示。

图 12-15 重复添加学生李四的处理结果

成功添加两名新生后，单击学生列表菜单按钮，返回首页，可以看到此时已有两条学生的记录，如图 12-16 所示。

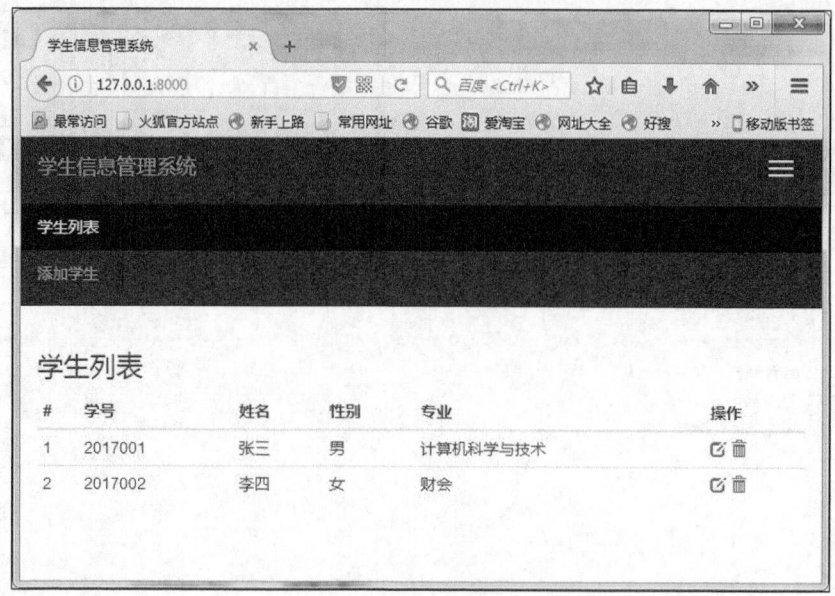

图 12-16　有两名学生记录的学生列表

通过 SQLiteManager 软件打开 xmustu 目录下的 db_xmu_stu 文件，打开最后一张 stu_student 表，我们可以看到数据已经添加到表中，如图 12-17 所示。

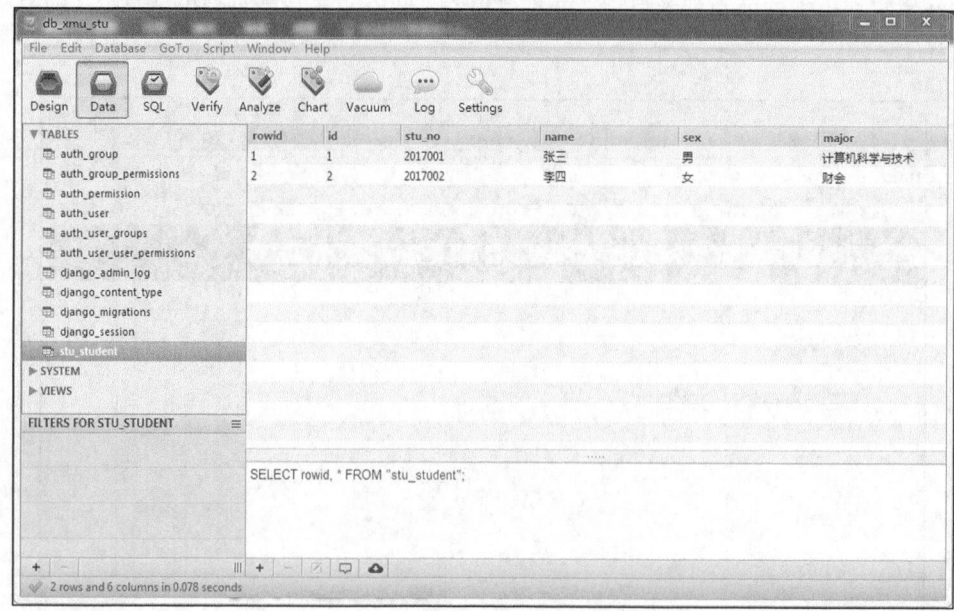

图 12-17　使用 SQLiteManager 查看数据

12.5.3　修改学生

编辑视图文件 views.py，添加一个视图 stu_edit 用于处理初始化需要编辑的学生信息，代码如下。

```
def stu_edit(request):
    template=loader.get_template('stu_edit.html')
```

```
    form=StuForm()
    stu_no=request.GET.get('stu_no')              #接收需要编辑的学生学号
    try:
        stu=Student.objects.get(stu_no=stu_no)
        form.fields["stu_no"].initial=stu.stu_no   #根据查询结果初始化表单中的学号
        form.fields["name"].initial=stu.name       #根据查询结果初始化表单中的姓名
        form.fields["sex"].initial=stu.sex         #根据查询结果初始化表单中的性别
        form.fields["major"].initial=stu.major     #根据查询结果初始化表单中的专业
        exist=True
        message='存在该学号'
        alert_class='alert-success'                #Bootstrap 中用于显示成功的样式类
    except Student.DoesNotExist:
        exist=False
        message='不存在该学号'
        alert_class='alert-warning'                #Bootstrap 中用于显示警告的样式类
    result={
            'alert_class':alert_class,
            'message':message,
            'stu_no':stu_no,
            'exist':exist,
            'form':form,
    }
    context=RequestContext(request,result)
    return HttpResponse(template.render(context))
```

在 templates 目录下创建一个子模板 stu_edit.html 用于填写需要修改学生的信息表单，代码如下。

```
{% extends "base.html" %}
{% block title %}学生信息管理系统{% endblock %}
{% block content %}
<div class="container">
<h3>修改学生{{stu_no}}</h3>
{% if exist %}
<form role="form" action="{% url 'stu_edit_result' %}" method="POST">
<div class="form-group">
    <label for="Stu_No">学号</label>
 {{form.stu_no}}
</div>
<div class="form-group">
   <label for="Stu_Name">姓名</label>
   {{form.name}}
</div>
<div class="form-group">
   <label for="Stu_Sex">性别</label>
   {{form.sex}}
</div>
<div class="form-group">
   <label for="Stu_Major">专业</label>
   {{form.major}}
</div>
{% csrf_token %}
<button type="submit" class="btn btn-primary">提交</button>
```

```
</form>
{% else %}
<div class="alert{{alert_class}} alert-dismissible fade in" role="alert">
  {{message}}
</div>
{%endif%}
</div>
{%endblock%}
{% block menu %}
<ul class="nav navbar-nav">
    <li><a href="/">学生列表</a></li>
    <li class="active"><a href="#">修改学生</a></li>
</ul>
{% endblock %}
```

在 urls.py 中，我们需要设定访问修改学生页面的 URL 链接，代码如下。

```
url(r'^stu/edit$',views.stu_edit,name='stu_edit'),  #新增 URL
```

此外，我们还需要一个页面处理提交给服务器的修改学生的表单信息。编辑视图文件 views.py，添加一个视图 stu_edit_result 用于处理提交新增学生的表单信息，并显示处理结果，代码如下。

```
def stu_edit_result(request):
    template=loader.get_template('stu_edit_result.html')       #指定要渲染得模板
    if request.method=='POST':
        form=StuForm(request.POST)
        #check whether it's valid:
        if form.is_valid():
            stu_no=form.cleaned_data['stu_no']           #获取学号
            name=form.cleaned_data['name']               #获取姓名
            sex=form.cleaned_data['sex']                 #获取性别
            major=form.cleaned_data['major']             #获取专业
            try:
                stu=Student.objects.get(stu_no=stu_no)   #按学号查询
                stu.name=name
                stu.sex=sex
                stu.major=major
                stu.save()                               #写入修改后的新记录
                message='成功修改'
                alert_class='alert-success'              #Bootstrap 中用于显示成功的样式类
            except Student.DoesNotExist:
                name=None
                sex=None
                major=None
                message='Does Not Exist'+stu_no
                alert_class='alert-warning'              #Bootstrap 中用于显示警告的样式类
            result={
                    'alert_class':alert_class,
                    'message':message,
                    'stu_no':stu_no,
                    'name':name,
                    'sex':sex,
                    'major':major,
```

```
                            }
    context=RequestContext(request,result)
    return HttpResponse(template.render(context))
```

在 templates 目录下创建一个子模板 stu_edit_result.html 用于显示修改学生的结果，代码如下。

```
{% extends "base.html" %}
{% block title %}学生信息管理系统{% endblock %}
{% block content %}
<div class="container">
<h3>修改学生</h3>
<div class="alert {{alert_class}}alert-dismissible fade in" role="alert">
<h4><strong>{{message}}</strong></h4>
<p>学号:{{stu_no}}</p>
<p>姓名:{{name}}</p>
<p>性别:{{sex}}</p>
<p>专业:{{major}}</p>
</div>
</div>
{%endblock%}
{%block menu %}
<ul class="nav navbar-nav">
    <li><a href="/">学生列表</a></li>
    <li class="active"><a href="#">修改学生</a></li>
</ul>
{% endblock %}
```

在 urls.py 中，设定提交修改学生信息表单的 URL 链接，代码如下。

```
url(r'^stu/edit_result$',views.stu_edit_result,name='stu_edit_result'),  #新增 URL
```

通过单击学生列表的修改按钮，触发修改学生操作，传递 URL 链接中添加参数 stu_no=2017001，将修改学号为 2017001 的学生记录，如图 12-18 所示。

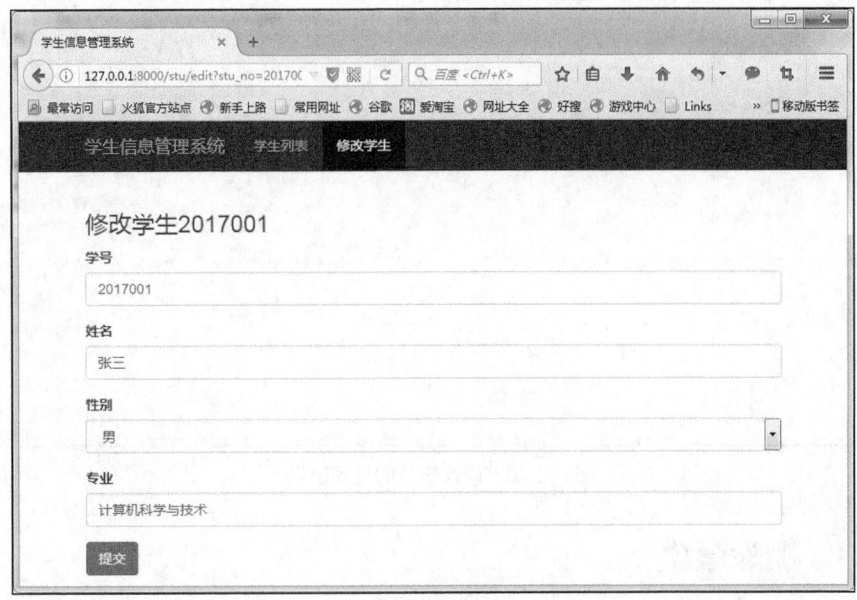

图 12-18　修改学生张三的信息

把张三的专业修改为通信工程，提交后的处理结果如图 12-19 所示。

图 12-19　修改学生张三信息的处理结果

学号不能修改，如果试图修改学号，将提示不存在此学号的学生，如图 12-20 所示。

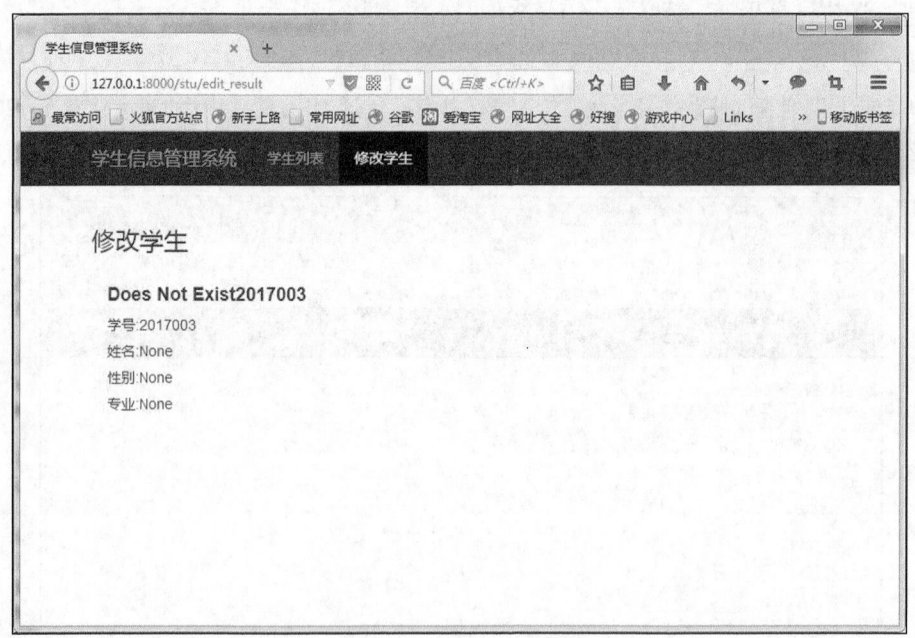

图 12-20　修改学号的处理结果

12.5.4　删除学生

编辑视图文件 views.py，添加一个视图 stu_del，用于处理将要删除的学生，代码如下。

```
def stu_del(request):
template=loader.get_template('stu_del.html')
stu_no=request.GET.get('stu_no')                        #接收需要删除的学生学号
try:
    stu=Student.objects.get(stu_no=stu_no)
    stu.delete()
    message='删除 %s 成功'%stu_no
    alert_class='alert-success'                         #Bootstrap 中用于显示成功的样式类
except Student.DoesNotExist:
    message='不存在学号'+stu_no
    alert_class='alert-warning'                         #Bootstrap 中用于显示警告的样式类
result={
        'alert_class':alert_class,
        'message':message,
        }
context=RequestContext(request,result)
return HttpResponse(template.render(context))
```

在 templates 目录下创建一个子模板 stu_del.html,用于显示删除学生的结果,代码如下。

```
{% extends "base.html" %}
{% block title %}学生信息管理系统{% endblock %}
{% block content %}
<div class="container">
<h3>修改学生</h3>
<div class="alert {{alert_class}}alert-dismissible fade in" role="alert">
<h4><strong>{{message}}</strong></h4>
<p>学号:{{stu_no}}</p>
<p>姓名:{{name}}</p>
<p>性别:{{sex}}</p>
<p>专业:{{major}}</p>
</div>
</div>
{%endblock%}
{%block menu %}
<ul class="nav navbar-nav">
    <li><a href="/">学生列表</a></li>
    <li class="active"><a href="#">修改学生</a></li>
</ul>
{% endblock %}
```

在 urls.py 中,设定提交删除学生信息表单的 URL 链接,代码如下。

```
url(r'^stu/del$',views.stu_del,name='stu_del'),   #新增 URL
```

通过单击学生列表的删除按钮,触发删除学生操作,传递的 URL 链接中添加参数 stu_no=2017001,
将删除学号为 2017001 的学生记录,如图 12-21 所示。

删除成功后,再次刷新页面会提示此学号不存在,如图 12-22 所示。

图 12-21　删除学生 2017001 的处理结果

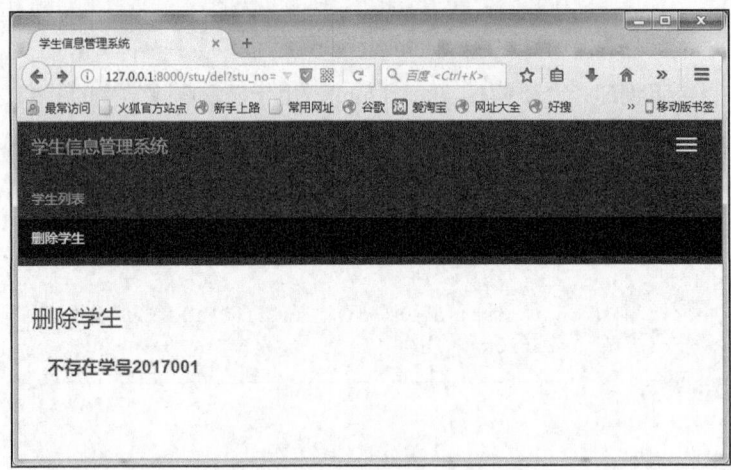

图 12-22　再次删除的处理结果

再次查看数据库表中的数据，发现记录确实删除了，如图 12-23 所示。

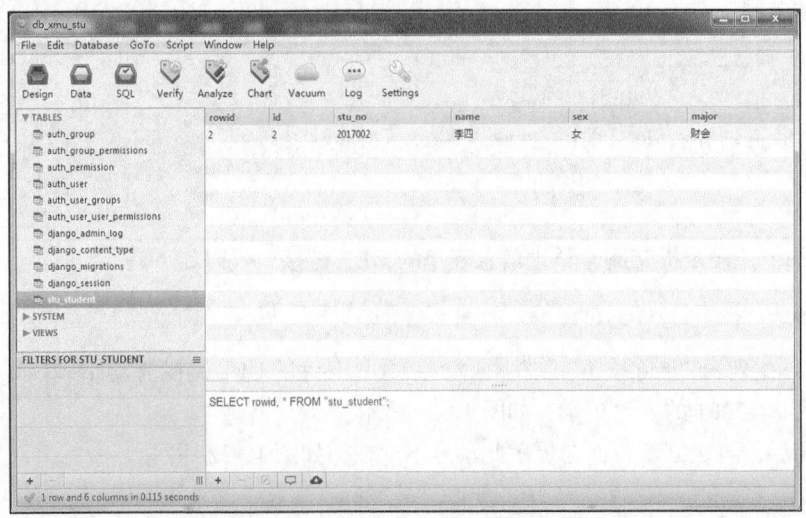

图 12-23　使用 SQLiteManager 查看删除记录后的数据

小　　结

本章主要介绍了以下几个知识点。

（1）Django。Django 是由 Python 开发的应用于 Web 开发的免费开源的高级动态语言框架。使用 Django 框架开发 Web 应用可以快速设计和开发具有 MVC 层次的 Web 应用。

（2）Django 的 MTV 模式。Django 的 MTV 模式是指由模型 (Model)、模板 (Template) 和视图 (View) 三者有机组合形成的一种类似 MVC 的分层模式。当浏览器发出请求时，会根据 URL 地址匹配相应的视图，视图会调用相应的模型和模板，处理完逻辑后，把渲染后的界面返回给浏览器，对请求做出响应。

（3）介绍了 Django 安装、创建 Django 开发项目、创建项目应用、数据迁移等相关内容，最后重点介绍了模板在 DjangoWeb 开发中的特点和使用。

习　　题

1. 什么是 Django？它有哪些特点？什么是 MTV 模式？分别使用什么命令创建 Django 开发项目和运行服务器？

2. 安装 Django 框架，并部署运行本章项目代码，实现学生信息的管理，并在此基础上进行拓展功能开发。